ふるさと二本松城跡

霞ヶ城公園の植物と景観

須賀 紀一

歴史春秋社

1 二本松城跡の四季

観音丘陵遊歩道より

安達太良連峰を背にした
二本松城跡と城下街

春 　　　　　　　　　　　　夏

桜爛漫の城跡

松の緑が映える城跡

秋 　　　　　　　　　　　　冬

紅葉に彩られた城跡

冬の景観も格別な城跡

2 二本松城跡の景観・展望

景観として、主な自然風景・建造物・記念碑を掲載する。

(1) 箕輪門付近の景観

① 戒石銘碑（国史跡）

② 箕輪門付近の石垣

③ 霞ヶ城跡入口の景観

④ 箕輪門

⑤ 箕輪門のアカマツ並木（市天然記念物）

⑥ 箕輪門広場の多行松

(2) 三ノ丸周辺の景観

① 三ノ丸上段のサクラ園

② 姫御殿跡のイロハモミジ

③ 相生滝のアカマツ林

④ カエデを透しての洗心亭

⑤ 三ノ丸跡を囲む城壁

⑥ 城跡に立つ山田翁銅像

⑦ 秋の相生滝

（3）霞ヶ池周辺の景観

① 霞ヶ池のセイヨウスイレン群

② 霞ヶ池を囲むフジ棚・ツツジ園

③ 霞ヶ池道筋のアカマツ並木

④ 城跡を愛した加藤口寸句碑

⑤ ツツジの中を流下する七つ滝

⑥ 優美な霞ヶ池

⑦ 霞ヶ池脇の深紅のイロハモミジ

(4) 洗心亭周辺の景観と展望

① 洗心亭（福島県指定文化財）

② 洗心亭前庭に根を張るアカマツ樹

③ エドヒガンが映える春の展望

④ 三ノ丸のカエデが映える秋の展望

⑤ 観光客で賑わう菊人形

⑥ 二本松市街と阿武隈山地の展望

(5) るり池周辺の景観

① 新緑に包まれたるり池

② 傘松（市天然記念物）とサクラ園

③ 南東屋と紅葉のカエデ群

④ 野生草本植物保護地

⑤ るり池周辺のツツジ路

⑥ 布袋腹を流れるほてい滝

⑦ 勇壮な流れの洗心滝

(6) 見晴台周辺の景観と展望

① 見晴台からの春の展望

④ 歌人土井晩翠歌碑

② 見晴台からの秋の展望

⑤ 見晴台付近の秋の紅葉

③ 安達太良山からの二合田用水路

⑥ 堀切遺跡とモミ林

⑦ 西東屋と背後のアカマツ林

（7）本丸跡周辺の景観と本丸からの展望

① 桜に囲まれた二本松城跡展望

② 本丸周辺の紅葉と阿武隈山地遠望

③ 二本松市街地の展望

④ 安達太良・吾妻連峰遠望

⑤ 本丸跡石垣（穴太積み）

⑥ 搦手門跡の石垣

⑦ 高村光太郎・智恵子抄詩碑

⑧ 二本松少年隊顕彰碑

(8) 冬の二本松城跡の景観

① 雪の中の二本松少年隊群像

② 雪に包まれた松と箕輪門

③ 雪に映えるアカマツ並木

④ 趣を異にする洗心亭

⑤ 氷柱に囲まれた霞ヶ滝

⑥ 先人を偲ぶ霊祠殿

はじめに

　二本松城跡霞ヶ城公園は、通称「お城山」として親しまれ、二本松市のシンボルであり、市民の憩いの場になっている。また、年配の多くの方々にとっては、昆虫・植物採集、沢蟹採り、遊び場などであった思い出深い場所でもある。私は今でも週1回は公園に行くが、お会いする市民の方から「何度来ても飽きないが、もとは（昔は）もっと木や草花があったよね」と話しかけられる。また、捕虫網を持った親子連れに会ったが、虫かごの中には虫の姿はみられなかった。

　機会があって、昭和の末期から平成の初期にかけて霞ヶ城公園の植生を調べた。その後30年を経過し、また調査を始めたが、樹木、草本植物の一部が姿を消し、または減少し、草本植物は帰化植物が多くみられるなど様変わりしていることに気づいた。霞ヶ城公園の植生の変化の要因は、時の経過や自然環境の変化による群落の更行もあるが、近年における樹木の伐採、除草方法の変化などが考えられる。さらに8年前の原発事故による放射線漏洩に伴う除染作業と表土の入れ替えなども大きな要因になっていると考えられる。一方、最近外国人を含め多くの観光客が訪れるようになり、公園の環境整備が望まれている。

　そこで、公園の植生の現状を記録に残す必要性を痛感するとともに、今後の整備に寄与する資料を得るため、また、市民をはじめ多くの人に霞ヶ城公園のすばらしさ、良さを知っていただくための資料として本書を執筆することにした。執筆に当たっては、小・中学生をはじめ一般市民の方を対象にし、見てわかるように写真を多くし、親しみ易く、活用できるよう配慮した。本書を手にすることによって霞ヶ城自然公園の植物と、公園の素晴らしい景観、歴史ある背景に接し、公園に愛着を持ち、公園の保護に寄与していただければと考えている。

　本書の出版に際し、植物の同定に協力いただいた元福島県植物研究会会長五十嵐　彰氏をはじめ、同研究会県中・県北会員に感謝申し上げます。また、歴史春秋社の植村　圭子、小野寺　今日氏には編集に当たって誠心誠意お力添えいただき、同社社長阿部　隆一氏共々のご支援に御礼申し上げます。

CONTENTS

はじめに……………………………………………… 11

二本松城跡の変遷と霞ヶ城公園の概要…………… 13
霞ヶ城公園の植物歳時記…………………………… 15
　春季………………………………………………… 15
　夏季………………………………………………… 18
　秋季………………………………………………… 20
霞ヶ城公園の植物…………………………………… 22
　春季………………………………………………… 23
　夏季………………………………………………… 63
　秋季………………………………………………… 110
植物の用語図解……………………………………… 126
植物の用語解説……………………………………… 128
霞ヶ城公園の花ごよみ……………………………… 133

引用文献・参考文献………………………………… 138
あとがき……………………………………………… 139
さくいん……………………………………………… 140

植物観察路
　春季
　夏季
　秋季

二本松城跡の変遷と霞ヶ城公園の概要

⑴　二本松城跡の移り変わり

①　二本松城跡の変遷と二本松城の移り変わり

　畠山満泰が天正14年（1586）に田地ヶ岡にあった居を南方の白旗ヶ峰に移したのが二本松城の始まりとされている。その後、丹羽長裕公まで37人の領主に引き継がれ、明治4年（1871）まで約300年続いた。その間、各城主により城内・外の整備が行われ、現在その遺構や遺跡をみることができる。また、その後の発掘調査により明らかにされた遺跡も数多く、復元された建造物、二合田用水路とそれを活用した池・滝、カエデやマツを配置した庭園跡など自然に溶け込んだ景観をみることができる。

②　二本松製糸工場としての活用

　明治元年（1868）戊辰戦争に敗れ、その後城跡は新政府に移管され、官領となった。

　明治6年（1873）二本松の振興と士族授産を趣旨に、二本松藩士山田修氏などにより「二本松製糸会社」が設立され、二本松城跡と立木を政府から払い下げを受けて、日本最初の民営の器械製糸工場を創業した。その後、明治13年に生糸の相場変動の影響などにより解散し、「双松館」と改称し存続したが、大正14年（1925）閉鎖した。城跡はその後二本松町の管理下となる。

③　桜樹の植栽とその後

　二本松町に移管後、昭和4年（1929）二階堂文吉氏が知人とともに桜苗木300本を植栽し、その後町に寄付したといわれている。これが桜公園となった始まりと思われる。

　第二次世界大戦中の昭和19〜20年にかけては、食糧難のため二本松城跡の三ノ丸跡なども耕作された。

　大正期より行われていた菊花展が、昭和31年（1956）秋に二本松城跡を利用して周囲の自然を生かし、菊人形展会場となり、現在も継続されている。

⑵　霞ヶ城公園の概要

①　自然環境

　二本松城跡は奥羽山脈の裾野に位置する標高345.7mの白旗ヶ峰を中心として、南、北、西方を丘陵で囲まれ、東方がやや開口する地形を利用し

た面積34.1haの土地である。

　地質は、本丸の一部は火山砕屑を含んだ岩石がみられるが、基盤のほとんどが花崗岩で構成されている。現在、表面は風化の進んだ礫、砂、泥で覆われており、一部には、露頭や露出した花崗岩の岩塊をみることができる。

　植生は、この地域は夏緑樹林帯に属し、中通り地方の標高の低い土地ではコナラ、クリが多く暖帯落葉樹林帯に入る。またアカマツが多く、福島県の森林区分ではアカマツ林区に入る。

　二本松城跡はこれまで数多くの変遷を経て今日に至っているため、植生も人為によって変化している。霞ヶ城公園では、自然植生はアカマツの一部しかみられず、大部分は代償植生である。比較的自然の状態で残されているのは、木本植物ではアカマツ、ケヤキとわずかな低木類で、多くは植栽されたヒノキ、スギ、カエデ類、サクラ類、ツツジ類である。草本植物では、霞ヶ城公園指定植物のウメバチソウ、ヤマホタルブクロ、キキョウは姿を消し、球根植物のショウジョウバカマと植栽されたレンゲツツジが残っている。そのほかの在来種も減少し、替わって帰化植物の種や数が多くみられる。

　② 二本松城跡・霞ヶ城公園の整備

　二本松城跡の保護と活用のために各種指定がされている。

・霞ヶ城県立自然公園（昭和23年指定）
・都市公園（昭和31年指定）
・野鳥の森（昭和50年指定）
・国史跡（平成19年指定）

　今後、それぞれの分野の特徴を生かし、管理・運営、整備にあたり一層魅力ある城跡・公園にすることが望まれる。

　殊に、城跡東側の元各種設備跡周辺や市道久保丁－城山線南側の整備が残されており、早急な対応が必要と思われる。

　また、城跡内は県立自然公園で樹木、草花の採取は禁じられており、市民みんなで協力して公園を守り続けていきたい。

霞ヶ城公園の植物歳時記

(1) 春 季 その1 （3〜4月）

（数字は種の解説頁）

① キクザキイチゲ（30）　　② カタクリ（23）

③ ショウジョウバカマ（25）　　④ アマナ（24）

⑤ シロバナタンポポ（46）　　⑥ ヤブツバキ（57）

春　季　その２　（３〜５月）

⑦　タチツボスミレ（38）　　　　⑧　ノアザミ（45）

⑨　シャガ（25）　　　　⑩　サイハイラン（28）

⑪　ノハナショウブ（26）　　　　⑫　レンゲツツジ（62）

春　季　その３　（３〜５月）

⑬　トウゴクミツバツツジ（61）

⑭　コブシ（58）

⑮　三ノ丸のサクラ園（4）

⑯　るり池周辺のツツジ路（7）

⑰　市道久保丁〜城山線のサクラ路

⑱　グラウンド周辺のサクラ園（公園図）

夏　季　その1　（5～8月）

① タツナミソウ（39）

② アキノタムラソウ（83）

③ コバギボウシ（65）

④ ユキノシタ（81）

⑤ オオウバユリ（66）

⑥ セイヨウスイレン（81）

夏　季　その２　（6〜8月）

⑩　キャラボク（109）

⑦　アジサイ園（94）

⑪　洗心亭のアカマツ大木（胸高幹囲3.0m）（106）

⑧　ナツツバキ（97）

⑨　サルスベリ（98）

⑫　堀切のモミ大木（胸高幹囲3.6m）（108）

秋 季 その1 （9〜11月）

① アキノキリンソウ（113）
② キッコウハグマ（116）
③ ヒガンバナ（110）
④ ミヤギノハギ（116）
⑤ 第二駐車場〜児童遊園地カエデ路（公園図）
⑥ 本宮館跡〜カエデ林（公園図）

秋　季　その2　（9〜11月）

⑩ 傘松周辺のイロハモミジ大木（市指定天然記念物）（目通り幹囲3.5m）（120）

⑦ ピクニック広場のクヌギ林（118）

⑧ 中東屋〜南中道〜見晴台カエデ路（公園図）

⑪ エンコウカエデ大木（幹囲3.0m）（121）

⑨ 中道〜東中道〜本丸カエデ路（公園図）

⑫ ピクニック広場のイチョウ大木（幹囲3.4m）（117）

霞ヶ城公園の植物

《掲載に当たって》

1、掲載植物（種）数は、およそ200種とした。

2、掲載植物を花期に基づいて、春季（3～5月）、夏季（6～8月）、秋季（9～11月）に区分けして掲載した。

　　なお、区分けに当たっては、便宜上次のようにした。

　　①草本植物

　　• 全て、それぞれの花期により区分けした。

　　②木本植物

　　• 低木類はそれぞれの花期により区分けした。

　　• 高木類のうち、比較的大きな花をつけるツバキやサクラ類はそれぞれの花期により区分けした。

　　• 常緑樹のマツ科などの裸子植物は夏季に、カエデ科などの落葉樹は秋季に区分けした。

3、本書は、小・中学生や一般市民の方を対象にしており、記述に当たってはできるだけ簡易に表現したが、「植物についての専門用語」をわかりやすく表現しようとするとかえって複雑になると考え、巻末に「植物の用語図解および解説」を載せたので参考にしながらみていただきたい。

4、植物の分類は、平凡社の『日本の野生植物』に基づいて行った。

《各植物についての記載内容》

和名	科名
和名の漢字　　　　別名：	

説明文

植物の写真

花などの拡大写真

和名の由来

見分け方

分布：
花期：
付記：季語、花言葉、用途、参考資料

春季　3～5月

主な植物
- 春を告げる植物
  カタクリ、キクザキイチゲ、アマナ
- 草本植物
  シャガ、ムラサキサギゴケ、カテンソウ、タチツボスミレ、タツナミソウ、フクジュソウ
- 木本植物
  エドヒガン、コブシ、アオキ、ヤマツツジ、レンゲツツジ、アセビ

スプリングエフェメラル（春植物、春を告げる花）

　スプリングエフェメラルは、温帯落葉樹林の林床で早春から春にかけての短い期間に、落葉樹が葉を出す前に、葉を出し、花を咲かせて実をつけ、夏から冬までは地上部は枯れて、地下部だけが来年に備えて休眠する植物をいう。

　エフェメラルは「はかないもの」の意味で「スプリングエフェメラル」は春のはかないものの意味で、春植物、春を告げる植物ともいわれる。アマナ、カタクリ、キクザキイチゲ、アズマイチゲなどが入る。

カタクリ　ユリ科

片　栗　　　　別名：カタカゴ

　るり池周辺草本植物保護区にみられる。多年草（たねんそう）。鱗茎（りんけい）は筒状長楕円形。葉は2個が花茎の下部につき、長い柄（かけい）があり、地上には葉身のみが出る。葉の表は緑白色で紅紫色の斑点があり、長さ15～20cm。花は茎先に一輪ずつつき、花被（かひ）は紅紫色で下向きに開く。夜は閉じる。

和名の由来　花の咲かない葉に、鹿の子模様が現れることから、"片葉鹿の子"がカタカゴになり、なまってカタクリになった。果実が栗の実に似る。

分布：北海道、本州、四国、九州にまれ
花期：3～5月
付記：スプリングエフェメラルの1種
　　　花言葉－初恋、嫉妬

アマナ　ユリ科

甘葉　　別名：ムギグワイ

　野生植物保護区にみられる。山麓の野原に生える多年草。外側の鱗茎は広い卵形で、長さ3〜4㎝、葉は線形で2個花茎の下につく。花茎は高さ15〜20㎝、先に花が1個つく。花は日光を受けると開く。花被片は6個、白色で暗紫色の脈があり、長さ20〜25㎜。朔果（さくか）は円形。

和名の由来　鱗茎に甘味があることから。

見分け方　ヒロハアマナー葉の幅10〜20㎜、葉の中央に白線が入る。

分布：本州（福島県以南）、四国、九州にまれ
花期：3〜4月
付記：スプリングエフェメラル種
　　　鱗茎－食用

キバナノアマナ　ユリ科

黄花甘菜

　本丸裏や本丸東駐車場にみられる。野原に生える多年草。アマナと名は似るが属が異なる。塊茎（かいけい）は球形で長さ10〜15㎝。根生葉（こんせいよう）は広線形でやや厚い。花茎は高さ15〜22㎝で先に4〜10個の花がつく。花被片は黄色。花の柄は不ぞろいで、長いものは4㎝ぐらいある。

和名の由来　アマナに似ていて花が黄色であることから。

分布：北海道、本州（中部以北）
花期：3〜5月
付記：スプリングエフェメラルの1種

ショウジョウバカマ　ユリ科

猩々袴

るり池西の野生植物保護区にみられる。山野に生える多年草。根生葉は多く、倒披針形で長さ7〜20cm、幅2〜4cm、質は厚く、冬も枯れないで残る。葉の間から円筒形で5〜10cmの鱗片葉をつけた花茎を出し、先に赤や紫色の花をつける。花後の花茎は20〜40cmになる。霞ヶ城自然公園指定植物。

和名の由来　花の色を猿の猩々（オランウータン）の顔に、根生葉をその袴に見立てたもの。

分布：日本全土
花期：3〜4月

シャガ　アヤメ科

射干

中道南、本丸西などにみられる。山地の湿った林下に生える多年草。長い根茎を出して増殖する。葉は常緑で光沢があり、やや肉質。長さ30〜60cm。花は径5cmほどで、白紫色の美しい花を多数つける。外側の花被片は倒卵形でふちに細かいぎざぎざがあり、黄橙色の斑紋がある。果実はできない。

和名の由来　射干（ヒオウギの漢名）の日本読みで、葉がヒオウギに似ていることから。

分布：本州、四国、九州
花期：4〜5月

ノハナショウブ　アヤメ科
野花菖蒲

　るり池の湿地にみられる。草原や湿地に生える多年草。葉身は剣状、長さ20〜50cm、幅5〜15mmで中央脈が盛り上がる。高さ40〜80cmの花茎を出し、赤紫色の花を開く。外花被片は3個で楕円形、基部は黄色。内花被片は小形で直立する。

和名の由来　野生のハナショウブであることから。

見分け方　アヤメ－外花被片に網目模様があり、葉幅1cm。カキツバター外花被片の基部に白から淡黄色の斑紋。葉幅2〜3cm。

分布：日本全土
花期：5〜6月
付記：花言葉－忍耐

ニワゼキショウ　アヤメ科
庭石菖

　本丸裏広場（上）、ピクニック広場にみられる。日当たりのよい草地や道ばた、芝生に生える多年草。茎には上部に扁平で緑色の2個の翼があり、高さ10〜20cm。葉は剣状で鋸歯がある。花は径約1.5cm。花被片は淡紫色で6個。1日花で次々に花を咲かせる。北米原産。

和名の由来　庭に生え、葉がセキショウ（石菖）に似ていることから。

分布：(帰化植物)
花期：5〜6月

カラスビシャク　サトイモ科

烏柄杓　　別名：ハンゲ、ヘソクリ

るり池西や三ノ丸広場などにみられる。畑や草地に生える多年草。葉は3小葉(しょうよう)からなり、葉柄(ようへい)に珠芽(しゅが)をつける。花茎は高さ20〜40cmで葉の上につける。仏炎苞(ぶつえんほう)は緑色または帯紫色で長さ5〜7cm、付属帯は長く伸びて外に出る。

和名の由来　ひも状のものが外に出る花の形をひしゃくに見立てたもので、役に立たないのでカラスがついた。

分布：日本全土
花期：5〜8月
付記：用途－薬用（塊根）（半夏）

セキショウ　サトイモ科

石菖

七ツ滝、ほてい滝周辺流域に群生している。流れのふちに生える常緑の多年草。葉は長さ30〜50cm、幅2〜8mmで中肋（中央のすじ）は目立たない。花茎は葉に似た茎の途中につき、黄色の小花が密集して、長さ5〜10cmの細長い穂状になり、上向きにつく。液果(えきか)は緑色。根茎は強い芳香がある。

和名の由来　渓谷や岩や石の多いところに生える菖蒲の意味から。

分布：本州、四国、九州
花期：5〜6月
付記：用途－薬用（根茎）

27

ギンラン　ラン科
銀蘭

　ピクニック広場付近にみられる。山地の木陰に生える多年草。茎は直立し、高さ10～30cmで無毛。葉は3～6個で互生し、狭長楕円形。長さ3～8cm、幅1～3cmで基部を抱く。茎の先に長さ1cmほどの白色の花が5～6個総状につき、下から順に開く。花は半開きで平開しない。

和名の由来　黄色い花を金（キンラン）、白い花を銀（ギンラン）に例えたもの。

分布：本州、四国、九州
花期：5～6月

サイハイラン　ラン科
采配蘭

　東中道スギ林などにみられる。山地の木陰に生える多年草。地中にラッキョウ大の偽球茎があり、毎年1球ずつ増える。葉は狭長楕円形で、長さ15～35cm、幅3～5cmで、1または2個つく。30～40cmの花茎を出し、淡紫褐色の花を10～20個つけ、一方に片寄って下向きに咲く。

和名の由来　細長い花被がたれ下がる様子を、軍陣の指揮に用いた「采配」に例えたもの。

分布：日本全土
花期：5～6月

スズメノヤリ　イグサ科

雀の槍　　別名：スズメノヒエ

　第四駐車場周辺の草地などにみられる。山野の草地に生える多年草。根生葉は長さ7〜15cmで先がとがる。細長い線形でふちに長い白毛がある。茎の先に花穂（かすい）をつくる。花穂は赤緑色の小花が多数集まり1個まれに2〜3個つける。朔果は卵形で緑または黒褐色。

和名の由来　頭花（とうか）の形が大名行列の毛槍に似ていることから。スズメは小さいことを表す。

分布：日本全土
花期：4〜5月
付記：用途－食用（地下茎（ちかけい））

フクジュソウ　キンポウゲ科

福寿草

　洗心亭付近にみられる。山野に生える多年草。栽培もされる。高さ15〜20cm。葉は深緑色で切り込みが多く、ニンジンの葉に似ている。花は黄色で径4cm。花弁が重なり合うように平開する。暖地では葉茎が伸びた頃に花が咲くが、寒冷地では葉が出る前に花が咲く。

和名の由来　旧暦の正月頃に咲くので、幸福を意味する「福」と長寿を願う「寿」を合わせてつけられた。

分布：日本全土（西日本少ない、北地多い）
花期：2〜3月
付記：花言葉－幸を招く、永久の幸福

キクザキイチゲ　キンポウゲ科

菊咲一華　別名：キクザキイチリンソウ

　洗心亭周辺にみられる。山地の林内草地に生える多年草。根生葉は2回3出複葉で、小葉は羽状に深く裂ける。茎葉は3枚輪生し、3出複葉で小葉は羽状に裂ける。花は白色または淡紫色のものが、2.5～3cmで1個開く。がく片は花びら状で10～13個あり、花弁はない。朝開いて夕方閉じる。

和名の由来　花の咲き方がキクのようで、1つの花を咲かせるのでイチゲがついた。

分布：北海道、本州（近畿地方以北）
花期：3～4月
付記：スプリングエフェメラルの1種

アズマイチゲ　キンポウゲ科

東一華

　市道城山線沿いにみられる。落葉樹林のふちや山麓の土手に生える多年草。高さ15～20cm。根生葉は2回3出複葉で、3枚が輪生（りんせい）する。小葉はさらに裂ける。茎葉（けいよう）は3出複葉で3枚が輪生する。がく片は8～13個あり花びら状で白色、裏面はやや紫色を帯びる。

和名の由来　東日本で見つかり、1本の茎に1つの花をつけることから。

分布：日本全土
花期：3～4月
付記：スプリングエフェメラルの1種

ウマノアシガタ キンポウゲ科

馬の脚形　　　別名：キンポウゲ

　傘松周辺など各所にみられる。日当たりのよい野原や山地に生える多年草。茎に長毛があり、上部はよく分枝する。根生葉は長い柄があり、掌(しょうじょう)状に3〜5裂する。茎葉は上部のものは柄がなく、披針形で3裂する。花はつやのある黄色で花弁は丸みがあり、5枚。花後にそう果が集まって卵形の果実となる。

和名の由来　根生葉の形が馬のひづめの形に似ることから。

分布：日本全土
花期：4〜5月
付記：有毒植物

キツネノボタン キンポウゲ科

狐の牡丹

　傘松周辺などにみられる。やや湿り気のあるところに生える越年草(えつねんそう)。茎は中空で無毛。根生葉は3出複葉で、長い柄がある。小葉は2〜3裂し、ふちには鋸歯がある。茎葉は互生し柄は短い。花はややとがった黄色の花弁が5枚。そう果は楕円形。

和名の由来　葉が牡丹の葉に似るが、花が違うことからキツネがついた。

見分け方　ウマノアシガター茎は有毛、花弁は丸みがある。

分布：日本全土
花期：4〜7月
付記：有毒植物

カザグルマ　キンポウゲ科

風車

　るり池周辺にみられる。林のふちなどに生える落葉性つる植物。茎は褐色で細長く伸びる。葉は長い柄があり、3～5枚の小葉からなる羽状複葉。枝の先に花柄を出し、その先端に大輪の花を上向きに開く。花弁はなく、花弁状の淡紫色または白色のがく片をつける。そう果は広卵形。

和名の由来　花の様子が玩具の風車に似ることから。

分布：日本全土
花期：5～6月

ムラサキケマン　ケシ科

紫華鬘

　中道やアジサイ園周辺にみられる。山野の日陰に生える越年草。全体がやわらかく、傷をつけると少し悪臭がある。葉は2～3回羽状に裂け、裂片はさらに深く切れ込む。花は紅紫色でときに白色、筒状で先は唇形、隣茎の上部に総状につく。朔果は線状長楕円形でつり下がる。

和名の由来　華鬘は仏像の装飾品で、ムラサキケマンがこれに似ていることから。

分布：日本全土
花期：4～6月
付記：食草―ウスバシロチョウ

ヤマエンゴサク　ケシ科

山延胡索　　別名：ヤブエンゴサク

　洗心亭、グラウンド周辺にみられる。山野の林下に生える多年草。地中に球状の塊茎があり、細い茎1本を出す。茎の途中に鱗片状の葉をつける。小葉の形には変化が多い。茎の先端に青紫色または紅紫色の花を総状につける。

和名の由来　山に生えるエンゴサクであることから。延胡索はこのなかま全体の漢名。

見分け方　ジロボウエンゴサクは塊茎から数本の茎が出る。茎の途中に鱗片状の葉はない。

分布：本州、四国、九州
花期：4～5月
付記：スプリングエフェメラルの1種

ルイヨウボタン　メギ科

類用牡丹

　市道城山線沿いにみられる。林内に生える多年草。高さ40～70cmで茎や葉は無毛。茎葉は2～3回3出複葉で互生する。小葉は茎の脇につくものは柄がなく、長楕円形でときに2～3裂する。花は緑黄色、径8～10mmで10個内外が集散状につく。種子は球形で青色の液果状。

和名の由来　葉がボタンの葉に似ていることから。

分布：日本全土
花期：4～6月

ノミノフスマ　ナデシコ科
蚤の衾

　アジサイ園などにみられる。野原や田畑のふちに生える越年草。茎は多数が叢生して地面に広がり、高さ10～30cmになる。葉は小さく長さ1～2cmの長楕円形で、先は鋭くとがり、対生する。まばらな集散花序を出し、白い小さい花を開く。花弁は5枚で2深裂する。

和名の由来　小さい葉をノミの夜具に例えたもの。

分布：日本全土
花期：4～10月

カテンソウ　イラクサ科
花点草　　別名：ヒシバカキドウシ

　三ノ丸広場、本丸裏広場にみられる。山野の林下に生える多年草。茎の高さ10～20cm。葉は互生し、ひし形状卵形で先は丸く、長さ幅とも1～3cm、鋸歯がある。上部の葉の脇から花柄を出し雄花をつける。花弁5枚、おしべ5本。雌花は葉の付け根に固まってつき淡紅色。あまり目立たない。

和名の由来　おしべが小さく、点のようにみえることから。

分布：本州、四国、九州
花期：4～5月
付記：有毒植物

タネツケバナ　アブラナ科
種漬花

　傘松周辺、本丸裏広場にみられる。草地や水辺の湿地に生える越年草。茎は高さ10～30cm、下部で分枝する。葉は互生し、小葉は頂葉が大きく側小葉は羽状に分裂する。総状花序を出し、白色で小形の十字状花を10～20個開く。

和名の由来　この花が咲いたら種もみを水につけたことから。

見分け方　ミチタネツケバナは花より果実が高く伸び、花期に根生葉が残る。

分布：日本全土
花期：4～6月
付記：用途－若葉が食用

ヤマネコノメソウ　ユキノシタ科
山猫目草

　中道広場など各所にみられる。林縁や草地に生える多年草。茎の基部は少しふくらみ、花後に珠芽ができる。走出枝(そうしゅつし)はない。根生葉は長さ2～7cmで、柄がある。葉は互生し、葉身は円腎形。花茎は10～20cmで1～2枚の茎葉を輪生し、先端に花弁のない緑色の花を開く。花の下に倒卵形の葉状の苞葉(ほうよう)がある。がく片は緑色。種子は卵状楕円形。

和名の由来　山に生え、果実の裂けたところが、猫の目にみえることから。

見分け方　ネコノメソウは茎葉が対生。

分布：日本全土
花期：4～5月

35

スズメノエンドウ　マメ科

雀野豌豆

中道広場などにみられる。山野に生える1〜越年草。全体に多少毛がある。茎は根元から分枝して細く、その先は巻きひげとなる。花柄は葉の根元から伸び、その先に白紫色で小形の蝶形花（ちょうけいか）を5〜6個つける。豆果は小形で長楕円形。

和名の由来　カラスノエンドウに比べ花も葉も小形であることから。

見分け方　スズメノエンドウー巻きひげが枝分かれする。カスマグサー巻きひげが枝分かれしない。

分布：日本全土
花期：4〜6月

ヤハズエンドウ　マメ科

矢筈豌豆　　別名：カラスノエンドウ

中道、本丸裏広場など各所にみられる。野原に生える1〜越年草。茎は150cmに達する。葉は互生し、3〜7対の小葉からなる羽状複葉で先端は3分する巻きひげになっている。花は紅紫色、12〜18mm。豆果は広線形で黒く熟して裂開する。種子5〜10個。

豆果

和名の由来　小葉の先が矢筈状にくぼんでいるところから。カラスノエンドウは果実の種子が黒いことから。

分布：日本全土
花期：3〜6月

ゲンゲ マメ科
紫雲英　　別名：レンゲソウ

白花

　ピクニック広場（下）ほか各所に、白花はアジサイ園などにみられる。本来緑肥として利用された栽培種だが、野生化し野原や土手に生育している越年草。茎は分枝し、地をはって広がる。葉は羽状複葉、裏面にまばらに毛がある。花は紅紫色の蝶形。豆果は熟すと黒色になる。

和名の由来　レンゲは花の咲き方が蓮の花（蓮華）に似ているから。ゲンゲは漢名から。

分布：（帰化植物）
花期：4～6月
付記：花言葉－心が安らぐ

スミレ スミレ科
菫

　交通公園跡地などにみられる。日当たりのよい草地に生える多年草。地下茎は短く、根は茶色。葉は長楕円状披針形で長さ3～8㎝。やや厚くつやがあり、ふちに低い鋸歯があり、葉柄には翼がある。花は濃い紫色で、径1～2.5㎝、側弁には白い毛がある。距(きょ)は長さ5～7㎜。

和名の由来　花の形が大工道具の「墨入れ」に似ていることから。

分布：日本全土
花期：4～5月
付記：季語－蘭春、花言葉－謙虚、誠実

タチツボスミレ　スミレ科
立坪菫

　るり池周辺はじめ各所によくみられる。山野に生える多年草。地下茎は木質化し、ひげ根を多数出す。地上茎（高さ5〜15cm）があり、托葉が櫛の歯状に切り込む。葉は心形で低い鋸歯がある。花は径1.5〜2.5cmの淡紫色（変化多い）で、距は長さ6〜8mm。唇弁（中央の唇状の花弁）に紫色の筋がある。

和名の由来　ツボ（坪）は「庭」を意味し、普通にみられる茎のあるスミレのことから。

分布：日本全土
花期：3〜5月
付記：食草－ウラギンヒョウモン

ツボスミレ　スミレ科
坪菫　　　　別名：ニョイスミレ

　傘松周辺などにみられる。山野の湿ったところに生える多年草。茎は根元から枝を分けて株立ちする。葉は根生または茎につき、心形で鋸歯はほとんどなく、基部は湾入する。裏面は紫色を帯びる。花は径1cmと小さく、白色で唇弁に紫の筋がある。距は丸く短い。

和名の由来　庭に咲くスミレであることから。ニョイスミレは、葉の形が僧侶の持つ如意に似ることから。

分布：日本全土
花期：4〜5月
付記：食草－ウラギンヒョウモン

ヒメオドリコソウ　シソ科

姫踊子草

　中道、三ノ丸広場（上）など各所にみられる。道ばたや草地に生える越年草。茎は高さ10～20cmで、根元は横にはう。下部の葉は長い柄があり、心円形、上部の葉は三角状の卵形で互いに接近し、短い柄があり赤紫色を帯びることが多い。花は上部の葉の元に密につき、花冠は淡紅色。

和名の由来　オドリコソウの小形の草の意味から。

分布：（帰化植物）
花期：4～5月

タツナミソウ　シソ科

立浪草

　るり池周辺野生植物保護地にみられる。丘陵地の半日陰に生える多年草。茎は短い地下茎から立ち上がり、30～40cmになる。白い毛が多く、柄のある卵形の葉を対生する。青紫色の花は基部で曲がって立ち、招き猫の手のような形になる。下の唇弁は広く、紫色の斑点がある。

和名の由来　花を穂状につける姿を、打ち寄せる波頭に見立てたもの。

分布：本州、四国、九州
花期：4～5月

キランソウ　シソ科

金瘡小草　　別名：ジゴクノカマノフタ

　るり池周辺などの道沿いにみられる。路傍や山地の草地に生える多年草。根生のロゼット葉は放射状につき、倒披針形で粗い鋸歯がある。茎葉は対生し、上部の葉は小形、茎、葉全体に縮れ毛がある。花は濃紅色の唇形で、上唇は短く2裂、下唇は3裂、中央の裂片は先がへこむ。

和名の由来　漢名の金瘡小草に由来する。別名は薬草として優れているから。

見分け方　キランソウーほふく茎を出す。ニシキゴロモーほふく茎を出さない。

分布：日本全土
花期：4～5月
付記：用途－薬用

カキドオシ　シソ科

垣通し　　別名：カントリソウ

　るり池周辺、中道など各所にみられる。道ばたや草地に生える多年草。茎ははじめ直立し、花が終える頃には地面をはう。葉は対生し、長い柄のある腎形で、長さ1.5～3.5cm、先はとがり基部は心形となる。花は唇形で、上唇の先はへこみ、下唇は長く内側に淡紫色の斑点がある。

和名の由来　つるが垣根を通り抜けるほど旺盛なことから。別名は、子供の癇（かん）を取る薬に使ったことから。

分布：日本全土
花期：4～5月
付記：用途－薬用

キュウリグサ　ムラサキ科

胡瓜草　　　別名：タビラコ

　第四駐車場周辺はじめ各所にみられる。道ばたや草地に生える越年草。根元の葉は卵円形で葉柄がある。茎の上部の葉は長楕円形長さ1～3cm、幅6～15mm、細毛がある。花茎は10～30cmで、長さ3～9mmの柄を持つ径約2mmの淡青色の花をつける。

和名の由来　葉をもむとキュウリの香りがすることから。

分布：日本全土
花期：3～5月
付記：別名タビラコだが春の七草のタビラコとは異なる。

ムラサキサギゴケ　ゴマノハグサ科

紫鷺苔

　傘松周辺ほか各所にみられる。やや湿り気のある草地に生える多年草。葉は根元に集まり、その間から細長い枝を出して地面に広がる。葉は倒卵形でふちに粗い鋸歯がある。横にはう枝の葉は対生し、小さい。葉の間から高さ10～15cmの花茎を伸ばし、紅紫色で唇形の花をつける。

和名の由来　花の形を鳥のサギに、地面をはう様子をコケに見立てたことから。

見分け方　サギゴケはムラサキサギゴケの1品種で、花は白色。

分布：日本全土
花期：4～6月

オオイヌノフグリ ゴマノハグサ科
大犬の囊

三ノ丸広場（上）、中道広場など各所にみられる。道ばたや草地に生える越年草。茎は根元で枝分かれし横に広がる。葉は卵円形で1～5cmの柄があり、鋸歯がある。茎の下部では対生し、上部では互生する。葉の脇に1個ずつるり色の花をつける。蒴果は平たい倒心形で先はへこむ。ヨーロッパ原産。

和名の由来 果実の形が、犬の陰嚢に似ていて、花がイヌノフグリより大きいことから。

分布：（帰化植物）
花期：3～5月

タチイヌノフグリ ゴマノハグサ科
立犬の囊

三ノ丸広場（上）、傘松周辺にみられる。道ばたや草地に生える1年草。茎は根元で枝分かれし、直立して10～25cmになる。短毛が生える。葉は卵円形で鋸歯があり、下部では対生し上部では互生する。上部の葉の脇にるり色の花をつける。花冠は径4mmほどで先は深く4裂する。

和名の由来 茎の上部が立ち上がって伸びるイヌノフグリから。

分布：日本全土
花期：4～6月

ヤエムグラ　アカネ科

八重葎　　別名：カナムグラ

アジサイ園、本丸裏広場などにみられる。やぶや草地に生える1～2年草。茎は枝分かれし、四角ばる。ほかのものに寄りかかって斜上して高さ60～80cmになる。葉は倒披針形で長さ1～3cm、6～8枚輪生する。茎、葉に刺がある。葉の脇に1mmほどの黄緑色で4花弁の花をつける。果実は球形でカギ形の毛がある。

和名の由来　重なり合って茂ることから。「葎」は蔓状に茂ること。

分布：日本全土
花期：5～6月
付記：葉に刺があり、子供は衣服につけて遊ぶ

ヨツバムグラ　アカネ科

四葉葎

るり池周辺や市道城山線沿いにみられる。畑や丘陵地に生える多年草。茎は細く四角で、高さ10～30cmになる。葉は細長く線形で、各節に4枚輪生し（2枚は托葉）、層になる。ふちと裏面に白毛がある。花は4花弁の淡黄緑色の小花で、径1mmで数個つく。

和名の由来　葉が4輪生にみえるムグラのなかまであることから。

分布：日本全土
花期：5～6月

ヤブニンジン　セリ科
藪人参

　アジサイ園の林縁などにみられる。山野の木陰に生える多年草。茎は直立し、30～60cmになる。葉は2回3出羽状複葉で、両面に毛があり、裏面は淡白色で、ふちに鋸歯がある。花は小さい白色で、枝先にまばらに小散形状につく。花序には両性花（りょうせいか）と雄花とがある。果実は褐色で、刺状の毛が密生する。

和名の由来　やぶに生え、葉がニンジンの葉に似ていることから。

分布：日本全土
花期：4～5月
付記：果実は動物に付着して運ばれる

ヤブジラミ　セリ科
藪虱

　弓道場裏広場などにみられる。野原に生える越年草。茎は枝分かれし高さ30～80cmで、全体に毛がある。葉は2～3回羽状複葉（ふくよう）で小葉は細かく切れ込む。複散形花序に小さい白花を密につける。花弁は5個で内側に曲がる。果実は褐色で刺状の毛が密生し、先はカギ状に曲がる。

和名の由来　やぶに生え、刺のある果実がシラミのように衣服につくことから。

分布：日本全土
花期：5～7月

ツルカノコソウ　オミナエシ科

蔓鹿の子草

　るり池周辺ほか各所にみられる。草地や丘陵の日陰でやや湿ったところに生える多年草。茎はやわらかくみずみずしく、高さ20〜40cm。花後に細長い走出枝を四方に長く伸ばして繁殖する。花冠はろうと形で、薄い白色、ときに紅色を帯びる。

和名の由来　花が子鹿の背中のような「鹿の子染め」を連想させ、花の後つる状の枝を伸ばすことから。

分布：本州、四国、九州
花期：4〜5月

ノアザミ　キク科

野薊

　るり池周辺、本丸裏広場など各所にみられる。春の野山に生える多年草。茎は高さ60〜100cmになり、上部で枝分かれし、全体に白毛がある。根生葉は花の頃にも残り茎を抱く。茎葉は互生し、長楕円形で深く羽状に中裂し、先端は刺になる。頭花は紅紫色で、茎の先端に直立してつき、総苞は球形で粘り気がある。春咲きのアザミはこれのみ。

和名の由来　野に生えるアザミであることから。

見分け方　ノハラアザミー総苞（そうほう）が鐘状の球形で、粘り気がない。

分布：本州、四国、九州
花期：5〜8月
付記：花言葉－独立、安心、厳格、高潔

45

シロバナタンポポ　キク科

白花蒲公英

　中道に多く、ほかにもみられる。道ばたや草地に生える多年草。葉は倒披針状線形で羽状に中裂する。頭花はやや小形で白色。総苞の外片は上部で開出し、大形の小角突起がある。本種は暖かい地方に生育するが東日本北部にも生育するようになり、日当たりのよい南斜面にみられる。

シロバナタンポポの小角突起

和名の由来　白い花のタンポポであることから。

分布：本州（関東地方以西）、四国、九州
花期：3〜5月

エゾタンポポ　キク科

蝦夷蒲公英

　第四駐車場周辺はじめ各所にみられる。野原や道ばたに生える多年草。葉は披針形で長さ約35cm、幅3〜8cm。質はやや厚く、深く裂けるか歯芽がある。葉の間から毛が密生する花茎を伸ばし、先に径約4cmの頭花をつける。総苞は2.5cm、外片は広卵形で直立し、小角突起は通常ない。

和名の由来　蝦夷に多いタンポポであることから。タンポポは、果実がタンポ槍の形に似ることから。

分布：北海道、本州（関東以北）
花期：3〜5月
付記：花言葉－神託（神のお告げ）

セイヨウタンポポ　キク科

西洋蒲公英　　別名：ヨウシュタンポポ

公園内各所にみられる。ヨーロッパ原産の帰化植物。葉は羽状深裂から深い鋸歯まで変化が多い。頭花がやや大きく、総苞の外片がそり返るのが特徴。単為生殖。受精しないで増えるため繁殖力が旺盛である。ヨーロッパ原産。

見分け方　エゾタンポポー総苞外片突起無い。シロバナタンポポー総苞外片大形の小角突起。セイヨウタンポポー総苞外片がそり返る。カントウタンポポー総苞外片に小形の小角突起。

和名の由来　西洋から渡来したタンポポであることから。

分布：（帰化植物）
花期：3～5月だが季節に関係なく開花

ハルジオン　キク科

春紫苑　　別名：貧乏草

公園内各所にみられる。野原、道ばたに生える多年草。根生葉は長楕円形で、花期にも残っている。茎につく葉は葉柄がなく、基部が耳型で茎を抱く。茎は中空。頭花はつぼみのときは下垂し、舌状花（ぜつじょうか）は白色または淡紅色。輸入し栽培していたものが野生化し、急速に各地に広まった。北アメリカ原産。

和名の由来　春に咲く紫苑から。

分布：（帰化植物）
花期：4～8月
付記：花言葉ー追想の愛

見分け方　ハルジオンとヒメジョオンの違いー葉の茎へのつき方、茎の中身の違い。

47

センボンヤリ　キク科

千本槍　別名：ムラサキタンポポ

　本丸裏広場への登り口などにみられる。山地丘陵に生える多年草。春型は高さ10cm内外、頭花は径1.5cm、白色で裏に紫色を帯びる。葉は倒卵状楕円形で、羽状に裂け、裏面は毛が密生し白い。秋型は高さ30〜60cmの花茎を伸ばし、花をつけることなく、褐色の冠毛のある実を結ぶ（閉鎖花）。

閉鎖花果実

（秋型）閉鎖花果実

和名の由来　多数の花茎を立てた秋型を、千本の毛槍に見立てたことから。

分布：日本全土
花期：4月

ハハコグサ　キク科

母子草　別名：オギョウ、ホオコグサ

　傘松周辺、本丸裏広場など各所にみられる。道ばたや草地に生える越年草。茎は根元で枝わかれし、地をはって四方に広がる。高さ10〜30cm。葉は倒披針形で、互生し、両面に綿毛が生え白っぽくみえる。花は径数mmの鮮黄色の頭花で、数十輪が茎頂に丸く集まってつく。

和名の由来　冠毛（かんもう）が蓬（ほお）けだつことからホオコグサと呼ばれ、ハハコグサに転じた。また、茎が地をはい広がる姿が「母と子」にみえることから。

分布：日本全土
花期：4〜6月
付記：用途ー春の七草（オギョウ）、草餅

ジシバリ　キク科

地縛り　　別名：イワニガナ

グラウンドのすみや各所の道筋にみられる。山野の裸地に生える多年草。茎は白色で細く、地面をはう。葉は円形か楕円形で長い柄を持ち、薄くやわらかい。花茎は6〜10cmで細く、根生葉の間から立ち上がり、茎に葉はつけず、黄色の舌状花だけの花をつける。

和名の由来　茎を四方に伸ばして、節ごとに根を下ろし、あたかも地面を縛るように生えることから。

分布：日本全土
花期：4〜7月

オオジシバリ　キク科

大地縛り

第四駐車場周辺はじめ各所にみられる。田の畦や草地に生える多年草。白く細い茎は浅く地中をはい、節々から葉を出す。葉はへら形で、下部が羽状に切れ込み、長い柄を含めて6〜20cmで、質はやわらかく白っぽい緑色。花茎は10〜30cmで先端に黄色舌状花の頭花をつける。

和名の由来　ジシバリより葉が大きく、立ち、花も大きいことから。

分布：日本全土
花期：4〜6月

霞ヶ城公園のサクラ

ソメイヨシノ

エドヒガン

オオヤマザクラ

カスミザクラ

カンヒザクラ

カンザン（サトザクラ）

そのほか、ウワミズザクラ、シキザクラ、ヤエベニザクラなどもみられる。

ソメイヨシノ　バラ科

染井吉野

　三ノ丸広場（上・下）、本丸裏広場などにみられる。落葉高木。オオシマザクラとエドヒガンの雑種。葉は互生し、広卵形で先は急にとがり鋭い鋸歯がある。葉・葉柄ともに有毛。葉が出る前に径4～4.5cmの淡紅色の花が3～4個集まって咲く。花弁は5個、がく筒は7～8mmの筒型で短毛が多い。果実は球形で紫黒色に熟す。樹皮は暗灰色。

和名の由来　東京都染井村の植木屋が売り出したことから。

分布：（植栽種）
花期：4～5月
付記：季語－闌春　花言葉－優美な女性
　　　用途－公園・街路樹　桜開花基準樹

エドヒガン　バラ科

江戸彼岸　　　　別名：アズマヒガン

　相生滝上部、るり池周辺、市道城山線などにみられる。山地に自生し、桜の古木の大半は本種である。高さ20m、径3mになる。葉は長さ6～12cmの長楕円形で葉柄とともに有毛。葉の出る前に淡紅色または白色の花が数個まとまって咲く。花弁は5個で2.3～3cm。果実は小さく黒紫色に熟す。

和名の由来　江戸でよく栽培され、彼岸の頃に花が咲くことから。

分布：本州、四国、九州
花期：3～4月
付記：用途－庭木、薪炭、接ぎ木の原木

51

オオヤマザクラ　バラ科

大山桜　　別名：エゾヤマザクラ

　中道道筋、市道城山線などにみられる。山地に生える高さ11〜15mの落葉高木。樹皮は暗柴黒色で、若葉は赤みを帯びる。葉は長さ8〜15cmの楕円形または卵状楕円形でやや厚く、裏面はわずかに白色を帯びる。葉の両面、葉柄とも無毛。葉よりやや早く赤紫色の花が咲く。花は径3〜3.5cmで花弁は5個。

和名の由来　ヤマザクラより葉も花も大形であることから。花の色も濃い。

分布：北海道、本州(中部以北)、四国(一部)
花期：4〜5月
付記：季語－闌春
　　　用途－公園・街路樹、家具材

カスミザクラ　バラ科

霞桜　　別名：ケヤマザクラ

　本丸裏や市道城山線などにみられる。山地に広く生える落葉高木。樹皮は紫褐色だが若い枝は黄褐色。若葉は赤みを帯びず緑色。葉は倒楕円形・倒卵状楕円形で先はとがり、ふちに重鋸歯がある。裏面は淡緑色で光沢がある。葉の両面、葉柄に毛がある。葉と同時に白色またはわずかに紅色の花を開く。小花柄、がく筒は有毛。

和名の由来　白い花が咲く様子を霞に例えたもの。別名は花柄などに毛があることによる。

分布：日本全土（四国、九州ではまれ）
花期：5月
付記：用途－公園・街路樹、器具・家具材

シキザクラ　バラ科

四季桜

　三ノ丸広場（下）にみられる。マメザクラとエドヒガンの交雑種。二季咲き性の種で、各地に植栽されている。葉は小形で細長く4～6cmで、先端は尾状になる。両面とも脈上に毛が多い。花は房状につき、花弁は白またはごく淡いピンク色で小形。ふちはやや内側に巻き込む。がく片は楕円形でふちに鋸歯がある。がく筒は円形を帯び毛が多い。

和名の由来　四季咲きの意味だが、二季咲き。

見分け方　カンザクラーがくに鋸歯はなく、がく筒・小花柄が無毛。フユザクラーがく筒が短い筒形で無毛。

分布：（植栽種）
花期：11月、3月
付記：用途－庭木、公園樹、盆栽

カンヒザクラ　バラ科

寒緋桜　　　　　別名：ヒカンザクラ

　松森館旧駐車場跡にみられる。樹高5～7mの落葉小高木。葉は長さ7～10cmの長楕円形または卵形で、質は厚くてかたい。ふちに浅い鋸歯があり、両面無毛。葉より早く、緋紅色で径2cmの花がたれ下がって咲く。花弁はあまり開かず、おしべは長く目立つ。がく筒、小花柄とも無毛。果実は球形。中国台湾原産。

和名の由来　早春に開花し、花の色が緋色で濃いことから。

分布：沖縄付近に自生
花期：1～3月だが、二本松では3～4月
付記：用途－庭木、花材

カンザン　バラ科

関山　　　別名：セキヤマ

搦手門付近やグラウンド周辺にみられる。オオシマザクラ系のサトザクラで八重咲きサクラの代表品種。葉は長さ10cm以上の大形で、幅は中央より上で最大。表・裏、葉柄に毛がない。濃い紅紫色で径5～6cmの花がたれ下がって咲く。花弁は42～55個で重ねが厚い。がく筒、小花枝ともに無毛。

和名の由来　サトザクラが野山に咲くサクラであるのに対し、人里に植えられるサクラであることから。

搦手門周辺のカンザン並木

グラウンド周辺のカンザン並木

分布：（植栽種）
花期：4月下旬～5月
付記：用途－庭木、公園樹、桜茶（花）

ヤマブキ　バラ科

山吹

二合田用水路沿いや中道にみられる。山地のやや湿ったところに生える落葉低木。幹は叢生し、高さ2mほどで、基部は木質で茶褐色、枝は細く、緑色無毛、白色の髄があり、先はたれる。葉は互生し、卵形で重鋸歯がある。花は黄色の5花弁で、1列に並ぶように咲く。果実はそう果で広楕円形。

分布：日本全土
花期：4～5月
付記：季語－晩春　花言葉－気品、金運
　　　用途－庭木、公園樹、花材

和名の由来　枝が弱々しく、風に吹かれて揺れやすいことから。

ノイバラ　バラ科

野薔薇　　別名：ノバラ

　見晴台前低木林内などにみられる。山野に生える落葉低木。高さ2mほどで、枝に鋭い刺がある。葉は羽状複葉で、互生する。小葉は7〜9枚で、長さ2〜5cmの長楕円形または卵形で、表面は光沢がなく、裏面に短毛がある。枝先に香りのよい白い花が多数咲く。果実は球形で赤く熟す。

和名の由来　野に咲くバラから。バラは刺が別名を波羅樹ということから。

分布：日本全土
花期：5〜6月
付記：花言葉－素朴、詩情
　　　用途－薬用（果実）、庭木、台木

コゴメウツギ　バラ科

小米空木

　見晴台前低木林内や二合田用水路沿いにみられる。低地に生える落葉低木。茎はよく分枝する。葉は互生し、長さ2〜4cmの三角状広卵形で膜質。羽状に深裂または浅裂し、重鋸歯があり、両面とも有毛。短い総状花序を出し径4mmの小さい花をつける。花弁は5個でへら形。袋果(たいか)は球形。

和名の由来　小さい花をつけ、幹が中空（空木）になっていることから。

分布：北海道（日高地方）、本州、四国、九州
花期：5〜6月

ユキヤナギ　バラ科

雪柳　　　　　別名：コゴメバナ

　相生滝、ほてい滝にみられる。川岸の岩場などに生える落葉低木。幹は叢生し、高さ１〜２ｍ、枝は細く、先は枝たれ、若枝は褐色で白い軟毛だが後に無毛。葉は互生し、長さ２〜４.５㎝の狭披針形で先はとがり鋸歯がある。前年枝に無柄の散形花序を多数つける。花は白色で径８㎜、花弁は５個。植栽が多い。

分布：本州（東北南部以南）、四国、九州
花期：４月
付記：季語－晩春　花言葉－愛らしさ
　　　用途－庭木、公園樹、花材

和名の由来　葉が柳に似ていて、多数の花が雪を思わせることから。

ウメ　バラ科

梅

　第二・第四駐車場の土手などにみられる。栽培される落葉小高木。樹皮は暗灰色で不ぞろいの割れ目ができる。若い枝は淡緑色。葉は互生し、長さ４〜９㎝の倒卵形で先端はとがる。両面、葉柄に微毛がある。花は葉の出る前に咲き、通常は白色だが紅色もある。花弁とがく片は５個。果実は球形で、表面に密毛が生え、片側に溝がある。中国原産。

分布：九州に野生化有
花期：２〜３月
付記：季語－早春　花言葉－気品
　　　用途－食用（果実）、庭木、盆栽

和名の由来　中国語の"メイ"がなまったとの説などがある。

ニワトコ

スイカズラ科

接骨木　　　別名：セッコツボク

　見晴台付近やグラウンド上部などの林縁にみられる。山野に生える落葉低木。高さ3〜6m。若い枝は淡緑色〜淡褐色、古い枝は褐灰色で皮目がある。髄は帯褐色か白色。葉は奇数羽状複葉で互生する。本年枝の先に円錐花序を出し、淡黄白色の小さい花を多数つける。果実は卵球形で赤く熟す。

分布：本州、四国、九州
花期：4〜5月
果期：6〜8月
付記：用途－庭木、ピス、薬用、食用

和名の由来　ニハツウコギ（庭つ五加木）が転じたとされている。

ヤブツバキ

ツバキ科

藪椿　　　別名：ツバキ、ヤマツバキ

　相生滝や中道など各所にみられる。山地に生える常緑高木。幹は灰白色でなめらか。葉は互生し、長さ5〜12cmの長卵形で革質。表面は光沢があり、裏面は淡緑色。ふちに細かい鋸歯がある。主脈は表面でへこみ、側脈はあまり目立たない。枝先に赤色の花が1個ずつ咲く。花弁は5個瓦重ね状に並び、平開しない。朔果は球形。

分布：本州、四国、九州
花期：2〜4月
付記：季語－闌春　花言葉－完全な愛
　　　用途－公園樹、器具材、油（種子）

和名の由来　山地に生えるツバキであることから。ツバキは、葉に光沢があり、艶葉木が転じてツバキになった。

ハクモクレン　モクレン科

白木蓮　　　　　別名：ハクレン

　三ノ丸広場（上）、ピクニック広場などにみられる。中国原産の落葉高木。庭園に植えられ、高さ15mになる。葉は互生し、長さ8～15cm、幅6～10cm、やや厚く、裏面脈上に軟毛がある。花は葉が出る前に開き、径10cmぐらい。花被片は9枚、3枚ずつ輪生し、がく片と花弁の区別はなく、白色。

和名の由来　白色で、花の形が木蓮に似ていることから。

分布：（中国原産）
花期：3～4月
付記：季語－闌春　花言葉－自然への愛
　　　用途－庭木、街路樹、花材

コブシ　モクレン科

辛夷　　　　　別名：ヤマアララギ

　中道、三ノ丸（上）などにみられる。山野に生える落葉小高木～高木。葉は互生し、長さ6～13cm、幅3～6cmの広倒卵形で洋紙質。裏面は淡緑色、脈上に少し毛があり、かむと辛い味がする。葉に先立ち芳香のある白い花が咲く。花の下に葉が1枚つくのが特徴。花弁は6個で基部は紅色を帯びる。集合果はこぶが多く、種子は赤色。

葉と集合果

分布：日本全土
花期：3～5月
付記：季語－闌春　花言葉－友愛
　　　用途－庭木、公園樹、彫刻材

和名の由来　集合果（しゅうごうか）の形が人のこぶし（拳）に似ていることから。

見分け方　タムシバー花の下に葉がつかない。

ナツグミ　グミ科

夏茱萸

見晴台前二合田用水路沿いにみられる。山野に生える落葉小高木。高さ2～4m。葉は長さ7～8cm、幅2～4cmで長楕円形～倒卵形で対生。表面にははじめ銀色の鱗片があり、裏面には灰白色と褐色の鱗片がある。花は淡い黄色で、葉腋（ようえき）に数個がたれ下がって咲く。がく筒は細くろうと形。果実は長さ6～8mmの広楕円形で赤く熟す。

和名の由来　夏に熟すグミの意味。

見分け方　アキグミ－果実球形、9～10月に熟す。

分布：本州（関東・中部）、四国
花期：4～5月
果期：6月
付記：用途－庭木、食用（果実）

雄株（雄花）

雌株（雌花）

果実

分布：本州（宮城以西）、四国、九州
花期：3～5月　果期：翌年4月
付記：季語－中冬（果実）　用途－庭木

アオキ　ミズキ科

青木

相生滝付近、本丸裏広場など各所にみられる。樹下に生える常緑低木。雌雄異株。若い枝は緑色で無毛。葉は対生し、長さ8～20cm、幅2～10cmの広楕円状卵形で、粗い鋸歯があり、質は厚く表面は光沢がある。茎の先の円錐花序に紫褐色、ときに緑色の小さい花を多数つける。花弁は4個で雄花にはめしべがなく、雌花はおしべがない。果実は1.5～2cmの楕円形で赤く熟す。

和名の由来　葉が四季を通じて緑のため。

アセビ　　ツツジ科

馬酔木　　　　　別名：アセボ

るり池西にみられる。やや乾燥した山地に生える常緑低木。高さ1.5～4m。葉は互生し、長さ3～8cmの倒披針形で革質。ふちに鋸歯があり、両面無毛。枝先に円錐花序を出し、白い花が多数たれ下がって咲く。花冠は長さ6～8mmの細いつぼ形で先は浅く5裂する。

和名の由来　馬が食べると酔ったようになり、足が不自由になることから。

分布：本州（山形以西）、四国、九州
花期：3～5月
付記：用途－庭木、床柱　有毒植物

サツキ　　ツツジ科

皐月　　　　　別名：サツキツツジ

三ノ丸広場（下）、傘松周辺にみられる。川岸の岩上などに自生するが、園芸種も多い半常緑低木。葉は互生し、長さ2～3.5cmの披針形で、質は厚く、鋸歯がある。枝先に朱赤色または赤紅紫色の花が1個、まれに2個咲く。花冠は3.5～5cmのろうと形で5中裂し、上部に濃い斑点がある。朔果は長卵形で褐色の毛がある。

分布：本州（関東西部・富山以西）四国、九州
花期：5～6月
付記：花言葉－節約、貞淑
　　　用途－庭木、盆栽

和名の由来　サツキツツジの略称で、陰暦の5月に咲くことから。

ヤマツツジ　ツツジ科

山躑躅

　三ノ丸広場（上）やるり池西などにみられる、山野に生える半落葉低木。高さ1〜5m。春葉と夏葉の区別があり、春葉は楕円形または卵状楕円形で、長さ3〜5cm。質はやや薄く、両面に毛がある。夏秋葉は春葉より小さく一部は冬を越す。花は朱赤色または紅紫色で2〜3個枝先につく。花冠はろうと状で5中裂する。

和名の由来　山に咲くツツジであることから。ツツジは本来の漢名は「羊躑躅」で、羊が食べて足踏みして死んだことから。

分布：日本全土
花期：4〜6月
付記：季語－晩春　用途－庭木、花材

トウゴクミツバツツジ　ツツジ科

東国三葉躑躅

　るり池南東にみられる。山地に生える落葉低木。高さ1〜2m。若枝や葉柄には淡褐色の長毛が密生する。葉は枝先に3枚輪生し、ひし形状円形、長さ4〜7cm、幅3〜5cmで、裏面主脈と葉柄に軟毛が密生する。葉と同時かやや遅く、枝先に紅紫色の花を1〜2個開く。花冠はろうと形で上部内側に濃色の斑点があり、5裂する。

和名の由来　ミツバツツジには多くの種類があり、東国のミツバツツジの意味。

分布：本州（宮城〜鈴鹿山脈）
花期：4〜5月
付記：用途－庭木

レンゲツツジ　ツツジ科

蓮華躑躅

　本丸裏広場（下）に植栽されている。高原に生える落葉低木。高さ1～2m。葉は互生し、枝の先端に集中する。葉身は倒披針状楕円形で、長さ4～8㎝、先はあまりとがらず、ふちに細毛がある。前年の枝先に朱橙色の花が2～8個咲く。花冠は径5～6㎝のろうと形で5中裂し花柄に腺毛がある。霞ヶ城自然公園指定植物。

> **和名の由来**　花が輪状に並んで咲く姿を、ハス（蓮華）の花に例えたもの。

> 分布：北海道（西南部）、本州、四国、九州
> 花期：5～6月
> 付記：用途－庭木、花材

ドウダンツツジ　ツツジ科

灯台躑躅

　ピクニック広場（下）北側にみられる。山地に生える落葉低木。枝はよく分枝し横に広がる。葉は枝先に輪生状に互生し、長さ3～4㎝の倒卵形。先はとがり、ふちに小さな鋸歯がある。若葉の下に、長さ7～8㎜のつぼ形の白い花を散形状につり下げる。紅葉が美しい。

> **和名の由来**　分枝の形を、灯台の脚にみたてたもの。
>
> **見分け方**　サラサドウダン－花が鐘形で、帯白色。下部に紅色の縦じまが入る。

> 分布：本州（静岡以西）、四国、九州
> 花期：4～5月
> 付記：用途－庭木、垣根

夏季 6〜8月

主な植物

- 草本植物

  ヤマユリ、ヤブラン、カモジグサ、スイバ、クサノオウ、ミゾソバ、ホタルブクロ、ヤクシソウ、コバギボウシ、ハナニガナ

- 木本植物

  クマザサ、オカメザサ、アズマザサ、アカマツ、ヒノキ、キャラボク、オニグルミ、エゴノキ、ネズミモチ、ガマズミ、ナツツバキ、アジサイ

○常緑樹

　1年中緑葉をつける木本植物。マツ、スギ、ヒノキなどの針葉樹は亜寒帯に多く、カシ、シイ、ツバキなどの広葉樹は温帯から亜熱帯に多く分布する。

○裸子植物と花

　アカマツは裸子植物で、花弁がなく、胚珠が裸出し、風によって運ばれた花粉により受粉して種子をつくる風媒花植物である。

　アカマツには同じ株に雄花と雌花があるが、同じ株からの受粉を防ぐため雄花と雌花のつく時期が異なることが多い。

ヤブラン　ユリ科

藪蘭　　　　別名：ヤマスゲ

　霞ヶ池付近、東東屋広場などにみられる。山野に生える多年草。葉は線形で、長さ30〜50cmある。根元から立ち上がり、先はたれ、深緑色で光沢がある。花は淡紫色の楕円形で、花弁3個、がく片3個。花の柄は高さ30〜50cmになり、花は節に集まってつく。種子は経6〜7mmで柴黒色に熟す。

和名の由来　やぶに生え、葉がランに似ていることから。

見分け方　ヒメヤブランー淡紫色の小花がまばらに総状につき葉の間にうずまる。

分布：本州、四国、九州
花期：7〜9月
付記：花言葉ーかくされた心

ジャノヒゲ　ユリ科
蛇の髭　　　別名：リュウノヒゲ

　三ノ丸広場などにみられる。山野や道ばたに生える多年草。地面をはう茎で増え、叢生することが多い。葉は線形、長さ10〜20cm、幅2〜3mmで小さい鋸歯がある。花茎の片側に淡紫色の花または白色の花を下向きに開く。種子は青色に熟す。

和名の由来　細い葉の形が想像の龍のひげに似ていることから。

見分け方　ヒメヤブランは葉に鋸歯がない、花は上向きに咲く。

分布：日本全土
花期：7〜8月

オオバジャノヒゲ　ユリ科
大葉蛇髭

　智恵子抄詩碑広場付近などにみられる。山地の林内に生える多年草。根は所々紡錘状にふくれる。葉は細長く、長さ30〜50cm、幅4〜6mm、ふちはざらざらで、鋸歯は鮮明でない。20〜30cmの花茎の先に、淡紫色または白色の長さ6〜7mmで小さな花を多数つける。種子は青色に熟す。

和名の由来　大葉で葉が蛇の髭に似ることから。

分布：本州、四国、九州
花期：7〜8月

コバギボウシ　ユリ科

小葉擬宝珠

るり池周辺の野生植物保護地などにみられる。日当たりのよい湿地に生える多年草。根茎は横にはう。葉は斜めに立ち、長さ10〜20cm、幅5〜8cm、光沢がなく、表面の脈はへこむ。花茎は直立し、30〜45cm。花被は淡い紫色で内側に濃い紫色の脈がある。

分布：日本全土
花期：6〜8月
付記：季語－初夏　花言葉－沈静

和名の由来　つぼみが橋の欄干の擬宝珠に似ていることから。

ヤブカンゾウ　ユリ科

藪萱草　　　　別名：オニカンゾウ

本丸裏広場や見晴台付近などにみられる。野原に生える多年草。茎は直立し、先で分枝する。葉は長さ40〜90cm、幅20〜40mm。花茎は高さ50〜100cm。花は八重咲きで、おしべがすべて花弁になり結実しない。繁殖は根茎で分裂していく。

和名の由来　カンゾウに似て、やぶに生えることから。

見分け方　ヤブカンゾウ－花黄赤色、八重咲き。ノカンゾウ－花橙黄色、形ラッパ状。

分布：日本全土
花期：7〜8月
付記：用途－食用（若葉・花）

オオウバユリ　ユリ科

大姥百合

　市道城山線沿いや本丸東にみられる。山野に生える多年草。ウバユリ属にはウバユリとオオウバユリがあり、区別しにくい。この公園に生育するウバユリは地下の根出葉の基部に白色鱗片があり、茎は高さ80～100cm。葉は茎の中ほどに集まってつき、広卵形で先がとがる。花は緑白色で先はあまり開かず、4～15個つける。生育地から、両者の中間形とも考えられる。

和名の由来　ウバユリは花が咲くとき、下部の葉（歯）がないことから。

果実

分布：ウバユリ－本州宮城以西
　　　オオウバユリ－本州中部以北寒冷地
花期：7～8月

ヤマユリ　ユリ科

山百合

　洗心亭前、智恵子抄詩碑ほか各所にみられる。山野に生える多年草。植栽も多い。鱗茎は黄白色の扁球茎で径6～10cm。茎は高さ100～150cmで、丸く、毛も突起もない。葉は披針形で長さ10～15cm。花は花被片6枚で白色。赤褐色の斑点があり、径10～18cm。数個から20個つき、横向きに開く。芳香がある。蒴果は長楕円形で長さ5～8cm。

分布：（日本特産種）本州（近畿地方以北）
花期：7～8月
附記：季語－盛夏　用途－鱗茎食用
　　　花言葉－純粋、威厳

和名の由来　山に咲くユリであることから。

ツユクサ　ツユクサ科

露草　　別名：ボウシバナ

るり池付近など各所にみられる。草地に生える1年草。茎は分枝しながら地面をはい、高さ20〜50cmになる。葉は長さ5〜8cmの先がとがった卵状披針形で互生し、基部は膜質のさやになる。花は舟形の苞葉の間から1個ずつつき、鮮青色。花弁は3枚で、上の2枚は大きく青色、下の1枚は小さく白色。1日花。種子は黒褐色の半楕円形膜質。

和名の由来　露をつけて咲く草であることから。

分布：日本全土
花期：7〜9月
付記：季語－初秋　花言葉－懐かしい関係

チヂミザサ　イネ科

縮み笹

花序

各所の草地にみられる。山野や林内に生える多年草。茎は細く、地をはって分枝し、斜上して高さ10〜20cmになる。葉は広披針形で、先はとがり長さ3〜7cm、ふちは多少波打つ（縮む）。花序は直立し緑色で密に小穂をつける。小穂には長いのぎがあり先は粘って衣服につく。

和名の由来　葉全体にしわがあり、織物の「縮れ織り」に似て、長さが短く笹に似ることから。

分布：日本全土
花期：8〜10月
付記：食草－コジャノメチョウなど

カモガヤ　イネ科

鴨茅　　別名：オーチャードグラス

　本丸裏広場などにみられる。牧草として栽培されるが、野生化し、草地に生える多年草。茎の高さ50～120cm。葉は線形で幅5～10mm、上端はやや短くとがる。茎の節々から枝を出し、その先に小穂を多数密につけ、円錐花序をつくる。小穂は5～9mmで平たく、3～6個の小花がつく。ヨーロッパ原産。

和名の由来　cock（稲叢）をduck（かも）と間違えて和訳したことに由来する。

分布：（野生種）
花期：7～8月
付記：用途－牧草

ハルガヤ　イネ科

春茅

　本丸裏広場や各所にみられる。草地に生える多年草。茎は高さ20～50cmになり、繊細で直立し、全体に毛がある。葉はやわらかく、幅3～6cm。花序はやや穂状で長さ4～7cmの狭披針形または狭長楕円形で直立し、枝は短い。小穂は披針形、黄褐色で光沢がある。ヨーロッパ原産。

和名の由来　牧草スイートバーナルグラスの和訳に由来する。

分布：（野生種）
花期：5～7月
付記：用途－牧草　干し草は香臭あり

オヒシバ　イネ科
雄日芝　　別名：チカラグサ

本丸広場や見晴台付近にみられる。道ばたや踏みつけられるところに生える1年草。葉は平たく、直立または斜めに立つ。葉は長さ30〜70cm、幅は3〜5mmの線形で、ふちに白色の軟毛がある。茎の先にやや扁平な花序を出す。小穂は卵形扁平淡緑色で4〜5個の小花をつける。

> **和名の由来** メシバに比べて、穂が太く全体がたくましいことから。

見分け方　メシヒバと種名は似ているが、属が異なり外形や生育地が異なる。

分布：日本全土
花期：8〜10月

カモジグサ　イネ科
髢草　　別名：ナツノチャヒキ

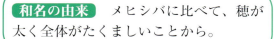

第四駐車場ほか各地にみられる。野原や道ばたに生える多年草。茎は高さ50〜100cm。葉は線形で幅5〜10mm。花穂は長さ15〜30cmで先がたれ下がり、紫色を帯びた白っぽい緑色をしている。小穂には5〜8個の小花がつく。

> **和名の由来** 子供がこの葉で"かもじ"（髢）をつくって遊んだことから。

見分け方　アオカモジグサー小穂が白緑色。

分布：日本全土
花期：5〜7月

エノコログサ　イネ科

狗尾草　　　別名：ネコジャラシ

　公園内各所にみられる。平地の草地に生える1年草。茎は基部で分枝し、高さ50〜80cmになる。葉は互生し、質は薄く、基部に長い葉さやがある。先端に長さ3〜8cmの緑色で円柱状の花穂をつけ、先はややたれる。小穂は長さ2mmほどで数個ののぎをつける。

和名の由来　穂が子犬の尾に似ていることから。

分布：日本全土
付記：食草ーイチモンジセセリ

エノコログサ
花穂：緑色
果期：8〜10月

アキノエノコログサ
花穂：緑〜紫
果期：9〜11月

エノコログサのなかま

キンエノコロ
花穂：黄金色
果期：8〜10月

メヒシバ　イネ科

雌日芝

　ピクニック広場など各所にみられる。草地に生える1年草。茎の下部は地をはって分枝し、節から枝を出して広がる。葉は広めの線形で薄く、長さ8〜20cm、幅5〜20mmで鋸歯があり基部に長い毛がある。茎の先に枝を3〜10本放射状に広げ、淡緑色または紫色を帯びた穂を密生する。

和名の由来　オヒシバより茎や葉がほっそりしていることから。

分布：日本全土
花期：7〜11月
付記：食草ーキマダラセセリ

カヤツリグサ　カヤツリグサ科

蚊帳吊草　　別名：マスクサ

　本丸下大石垣前広場などにみられる。草地や畑に生える1年草。茎の高さは40cmほどで、節がなく、断面は三角形。葉は先がとがった線形で、幅2～3mm。茎の先に3～4個の長い苞葉をつけ、花序の枝を数本散形に出し、黄褐色の小穂が集まった穂をつけ、線香花火のように花が咲く。

和名の由来　三角形の茎を両方から引き裂き、四角形に開いた形が蚊帳をつった形に似ることから。

分布：日本全土
花期：8～10月
付記：食草－ウラジャノメ

ネジバナ　ラン科

捩花　　別名：モジズリ

　第四駐車場周辺、中東屋広場などにみられる。日当たりのよい野原に生える多年草。茎は高さ15～40cm。根生葉は長さ5～20cm、幅3～10mmの広線形。葉の間から花茎を出し、桃紅色の小花が多数咲く。花茎は上部がねじれる。花は横を向き、鐘形で平開しない。

和名の由来　花茎に花が、らせん状に並び、花がねじれながら咲いていくことから。

分布：日本全土
花期：4～9月
付記：花言葉－思慕

クサノオウ　ケシ科
瘡の王

　第四駐車場周辺ほか各所にみられる。草地、道ばたに生える越年草。全体にやわらかく粉白色を帯び、茎、葉に縮れ毛があり、折ると黄色の液が出る。茎は中空で高さ30〜70cmになる。葉は1〜2回羽状に裂け、互生する。花は黄色で花弁は4枚十字に並ぶ。

和名の由来　皮膚病（くさ）に使われたことから。また黄色の液が出ることから「草の黄」ともいう。

分布：日本全土
花期：5〜7月
付記：有毒だが薬用にも使われる

タケニグサ　ケシ科
竹似草　　　別名：チャンパギク

　グラウンド上部付近にみられる。山野の荒れ地に生える多年草。高さ1〜2m。茎や葉の裏は粉白色。葉は20〜40cmの円心形でふちは裂けて互生する。大形の円錐花序に小さい花を多数つけるが花弁はなく、がく片2個は白く、長さ約1cmで、早く落ちる。

和名の由来　竹と煮ると竹がやわらかくなることから。また、茎が中空で竹に似ることから。

分布：本州、四国、九州
花期：7〜8月
付記：有毒植物（茎から出る褐色の液）

チドメグサ　セリ科

血止草　　　別名：チトメグサ

ピクニック広場ほか各所にみられる。道ばたや草地に生える常緑の多年草。茎は多くの枝を分け、葉とともに地面に広がる。葉は小さく、円形で基部は心形、無毛で、掌状に浅く裂ける。光沢がある。葉の脇から花枝を伸ばし、先に白色または淡紫色の小花が固まってつく。花弁5枚。

和名の由来　葉をもんで傷口につけると血が止まるということから。

見分け方　ノチドメ－切り込みが深く、葉が大きい。ヒメチドメ－切り込みが深く、葉が小さい。

分布：日本全土
花期：6～10月
付記：用途－薬用（葉）

シシウド　セリ科

猪独活　　　別名：ウマウド

本丸裏広場、市道城山線沿いなどにみられる。山地の斜面に生える多年草。茎は中空で毛が生え、直立して、高さ1～2mになり、上部で枝を分ける。葉は3出羽状複葉。葉柄の基部はさやとなってふくれ、茎を抱く。花柄は花火が開いたように四方に広がる。花弁は白色で5個。

和名の由来　ウドに似て、強豪にみえることから。

分布：本州、四国、九州
花期：8～10月
付記：食草－キアゲハ

73

ツリフネソウ　ツリフネソウ科

釣船草

　本丸裏広場（上）などにみられる。山地に生える1年草。茎は高さ50〜80cmで、やや赤みを帯び、節はふくらむ。葉はひし形の卵状で、先はとがり、ふちに鋸歯がある。花序は葉の上部に斜めに立ち紅紫色の花をつける。距は著しく後ろに突き出て渦巻き状になる。

和名の由来　花が花柄にぶら下がって咲く様子が帆掛船にみえることから。

分布：日本全土
花期：8〜10月

トチバニンジン　ウコギ科

栃葉人参

　市道城山線沿いにみられる。山地の林下に生える多年草。根茎は太く白色で、横にはう。茎の高さ60cm。茎の中ほどに3〜5枚の倒卵形の葉を輪生する。茎先端の球形花序に淡黄緑色の小さい花を多数つける。果実は球形で赤く熟す。

和名の由来　葉がトチノキの葉に似ていることから。

分布：日本全土
花期：6〜8月

イノコズチ ヒユ科

猪子槌　　別名：ヒカゲイノコズチ

本丸下大石垣前広場ほか各所にみられる。林下ややぶに生える多年草。茎の高さ50〜100cmで四角ばり、節がふくらむ。枝はまばらに出て広がり、葉とともに対生する。葉は長楕円形で、両端がとがり短い柄がある。花は枝先に細い穂状につく緑色の小花。花弁は5枚。

和名の由来　節だかの茎をイノシシの膝頭に見立てたもの。

分布：本州、四国、九州
花期：8〜9月

ヒナタイノコズチ ヒユ科

日向猪子槌

本丸裏広場などにみられる。日当たりのよい荒れ地や道ばたに生える多年草。茎は太く紫褐色を帯び、毛が多い。葉は厚く長さ10〜15cmで倒卵形状。枝先に穂状の花序を出し、花を密につける。花は開花時には開いているが、果実時には下を向く。花穂はイノコズチより太くみえる。

和名の由来　日当たりのよいところに生えるイノコズチであるから。

分布：本州、四国、九州
花期：8〜9月
付記：イノコズチのなかまは、果実（種子）が衣服などについて運ばれる

オトギリソウ　オトギリソウ科

弟切草

　グラウンド周辺、丹羽神社周辺に
みられる。野や山に生える多年草。
茎は高さ30〜50cmで、上部で枝を分
ける。葉は対生し、広披針形で、長
さ3〜5cm、密に黒点がある。花は
径1.5cmほどの1日花で茎の先に集
まる。黄色の花弁は5個で黒点と黒
線が入る。

和名の由来　秘薬の事を他人にもらし
た弟を兄が切り、その血しぶきが葉にか
かり黒点になったという伝説から。

分布：日本全土
花期：7〜9月
付記：用途－薬用植物
　　　花言葉－秘密、復讐

サワオトギリ　オトギリソウ科

沢弟切

　るり池西の側溝筋にみられる。山
地の湿地に生える多年草。茎は高さ
10〜15cmで叢生し、基部は横には
い、多数に枝分かれする。葉は対生
し、倒卵形または長楕円形、長さ約
3cmで明るい油点が多数あり、ふち
に黒点がある。花弁は5枚で黄色、
長さ4〜6mmで明点や明線が入る。

和名の由来　水分の多いところに生え
るオトギリソウであるから。

分布：日本全土
花期：7〜8月

ハナタデ   タデ科

花蓼　　　別名：ヤブタデ

　るり池西の野生植物保護地などにみられる。山野の湿った林下に生える１年草。茎は分枝し高さ30〜50cmになる。葉は長卵形で３〜９cm、先は尾状にとがり、両面に毛がある。托葉は筒状で先に長い毛がある。花穂は細長く、まばらに花をつける。がくは５〜６深裂し、淡紅色を帯びる。

和名の由来　梅に似た花形であるから。

見分け方　ハナタデ―花序が細長く、花をまばらにつける。イヌタデ―花が密生する。

分布：日本全土
花期：８〜10月

イヌタデ   タデ科

犬蓼　　　別名：アカマンマ

　本丸裏広場など各所にみられる。野原や道ばたに生える１年草。茎の高さ20〜50cm。葉は広披針形で長さ３〜８cm、両端がとがり表面のふちや裏面の脈上に毛がある。さや状の托葉は筒形でふちに長い毛がある。花穂は長さ１〜５cmで穂先につき、紅色の花を密につける。

和名の由来　葉にからみがなく役立たないからイヌがついた。赤い花をままごとで赤飯に見立てたことからアカマンマに。

分布：日本全土
花期：７〜10月

77

エゾノギシギシ タデ科

蝦夷羊蹄　　別名：ヒロハギシギシ

　傘松周辺や本丸裏広場などにみられる。野原や道ばたに生える帰化植物の多年草。茎は高さ50～130cmで太く、赤みを帯びる。根生葉は卵状長楕円形で長さ15～25cm。基部は心形となり、ふちは波打つ。裏側に毛がある。花には花弁がなく、6個のがく片がある。下部のふちに刺状の突起がある。

分布：（帰化植物）
花期：6～8月
付記：食草―ベニシジミ

和名の由来　茎や葉をこすり合わせるとギシギシ音がすることから。

見分け方　ギシギシ―田や畑に多く、全体に小形で葉にまれにしか毛がない。

ミゾソバ タデ科

溝蕎麦　　別名：ウシノヒタイ

　るり池や二合田用水路付近にみられる。山野の水辺に生える1年草。茎は地面をはい、上部は立ち上がって高さ30～80cmになる。葉は互生し、ほこ形で長さ3～12cm、とげと毛がある。10個ほどの小さい花が頭状に集まってつく。がくは5裂し、上部は淡い紅色下部は白色。

和名の由来　溝に生え、ソバに似る草という意味。別名は葉の形が牛のひたいに似ることから。

分布：日本全土
花期：7～10月
付記：食草―ベニシジミ

スイバ　タデ科

酸い葉　　別名：スカンポ

　公園内の各所にみられる。野原や田畑に生える雌雄異株の多年草。茎は高さ30～100cm、根生葉は長楕円状披針形で長さ10cm、長い柄がある。茎の中ほどにつく葉は柄がなく茎を抱く。茎の先に小さい花を輪生した花穂をつける。花弁はなく、6個のがく片がある。雌花が果実になると内側の花被片が翼状になり赤くなる。

雄株　　　　　雌株

分布：日本全土
花期：5～8月
付記：用途－食用（若葉）
　　　食草－ベニシジミ

和名の由来　茎や葉を生でかじると酸っぱい味がすることから。

ミズヒキ　タデ科

水引

　るり池西の野生植物保護地ほか各所にみられる。山野の林のふちに生える多年草。高さ40～80cm。葉は楕円形で長さ5～15cm、先がとがる。両面に毛があり、ときに表面の中央に黒い斑点がある。花弁はなく、がく片は4個あり、卵形で上面は赤く、下面は白い。

和名の由来　花穂を上からみると赤く、下からみると白色にみえることから、進物につける水引に例えたもの。

分布：日本全土
花期：8～10月

ヤマハタザオ　アブラナ科

山旗竿

　見晴台付近やるり池東にみられる。山野に生える越年草。茎は高さ30〜90cm。直立してまれに分枝し、下部に短毛や星状毛がある。根生葉は束生し、ロゼット状になる。茎葉は互生し、柄がなく卵状楕円形か卵状披針形で茎を抱く。花は茎の頂につき、白色で小形。

分布：日本全土
花期：5〜7月
付記：食草ーツマキチョウ

和名の由来　山野に生え、旗を揚げる竿に似た細長い姿であるから。

キンミズヒキ　バラ科

金水引

　るり池西や丹羽神社付近にみられる。山野に生える多年草。茎の高さ20〜40cm。茎や葉に毛が多い。葉は長い柄があり、小葉は大きさが不ぞろいで5〜9枚、ふちに鋸歯がある。花は径6〜10mmの黄色の5花弁で、花穂に多数集まってつく。果実はカギ形の刺があり衣服に付着する。

和名の由来　タデ科の紅白のミズヒキに似て、花が黄色いことから金がついた。

分布：日本全土
花期：7〜10月

セイヨウスイレン　スイレン科

西洋睡蓮

　霞ヶ池、るり池にみられる。多年草。「睡蓮」はスイレン科スイレン属のヒツジグサの漢名で、一般にこの属の植物をスイレンといっている。写真のスイレンは、観賞用として古くから栽培されている園芸種でセイヨウスイレンの１種。温帯性スイレンは耐寒性があり、地下茎は横にはい、葉には鋸歯がなく、花は水面に浮かび昼に咲く。

赤　　　白　　　黄

> **和名の由来**　睡蓮は花が昼（晴）に開き、夕方（曇）に閉じることから。

> 分布：（園芸種）
> 花期：６〜９月
> 付記：花言葉－清純な心

ユキノシタ　ユキノシタ科

雪の下　　　別名：イワブキ

　るり池東の道筋にみられる。湿り気のある岸壁などに生える多年草。紅紫色の走出枝を出す。茎や葉には赤褐色の粗い毛がある。葉は根生し、長い柄があり掌状に浅く裂ける。表面は暗緑色で脈上にそって白斑があり、裏面は暗紫色を帯びる。花弁は５個で上の３個は小さく、淡紅色の斑点がある。

> **和名の由来**　雪の下でも葉が枯れないことから。

> 分布：本州、四国、九州
> 花期：５〜７月
> 付記：用途－薬用、食用

コメツブツメクサ マメ科

米粒結草　　　別名：キバナツメクサ

　三ノ丸広場（上）や本丸裏広場などにみられる。道ばたや荒れ地に生える1年草。高さ20〜40cmになり、ほとんど毛はない。葉は普通3小葉だがときに4小葉のものもある。小葉は斑紋のあるものが多い。小形で黄色の蝶形花を多数密集してつける。花は3〜4mm、短い柄がある。ヨーロッパ原産。

和名の由来　シロツメクサより小さく、黄色の小さい球形の花であるから。

分布：（帰化植物）
花期：5〜8月

ムラサキツメクサ マメ科

紫詰草　　　別名：アカツメクサ

　本丸裏、弓道場付近などにみられる。牧草として輸入されたものが野生化した多年草。茎は高さ30〜60cmになり、軟毛がある。葉は3小葉で、小葉には淡紫色の斑紋がある。葉の脇に多数の花が密集して頭状に集まる。花は紅紫色の蝶形花で、長さ1.3〜1.5cm。ヨーロッパ原産。

和名の由来　シロツメクサとの対比で花色に基づいてつけられた。

分布：（帰化植物）
花期：5〜10月
付記：用途－乾燥させ、輸出品の破損防　　　止に利用。牧草

ヌスビトハギ　マメ科
盗人萩

ピクニック広場ほか各所にみられる。山野の草地ややぶに生える多年草。茎は高さ90cmほどで、紫色を帯びて角張る。葉は3出複葉で互生する。葉の脇から花序を出し、淡紅色の蝶形花をまばらにつける。果実は2節からなる節果で、節果には刺があり、人などにつき運ばれる。

節果

和名の由来　果実の形が忍び足の盗人の足跡に似ていることから。

分布：日本全土
花期：7～9月

アキノタムラソウ　シソ科
秋の田村草

野生植物保護地ほか周辺にみられる。林縁や道ばたの草地に生える多年草。茎は四角で、20～80cmになる。葉は対生し、長い柄があり、3出葉または羽状複葉で、小葉は2～5cmの広卵形で鋸歯がある。枝分かれした茎の先端に青紫色の唇形花を何段かに輪生する。花冠は1～1.3cm。

和名の由来　秋に咲くタムラソウのこと。タムラソウの由来は不明。

見分け方　ハルノタムラソウ、ナツノタムラソウは分布が関東以西。

分布：日本全土
花期：7～9月

カタバミ　カタバミ科

傍食

　第四駐車場、観光会館周辺などにみられる。道ばたや畑に生える多年草。茎はよく枝分かれし、下部は地面をはい、上部は立ち上がる。葉は3小葉。葉の脇から散形花序を出し、径8mmで黄色の花弁5枚の花をつける。朔果は円柱形。茎、葉にシュウ酸を含む。

花・朔果

和名の由来　ハート形の小葉の端（傍）の一部が虫食いのように欠けてみえることから。

分布：日本全土
花期：6〜9月
付記：花言葉―喜び輝く心、母の優しさ

コモチマンネングサ　ベンケイソウ科

子持万年草

　ピクニック広場（上）などにみられる。道ばたや草地に生える越年草。茎は長さ20〜60cmで、地面をはい、上部は立ち上がって斜上または直立する。葉は柄がなく、長さ1〜1.5cm。上部の葉はへら形で互生し、下部の葉は卵形で対生する。葉の脇に珠芽をつける。茎の先に8〜10mmの黄色の花が片側に並んでつく。結実はしないで、珠芽で増える。

和名の由来　ベンケイソウのなかまで、葉の脇に珠芽をつけることから。

分布：本州（東北南部以西）、四国、九州
花期：5〜6月

トキワハゼ　ゴマノハグサ科

常磐はぜ

　傘松周辺などにみられる。道ばたや草地に生育する1年草。茎は根元に集まり、横にはう枝を出さない。葉の間から少数の枝を出し、高さ6～20cmになる。根元の葉は大きく、対生し、上部の葉は小さく互生する。葉は倒卵形、浅い鋸歯がある。花冠は淡紅紫色の唇形で約1cmほどである。

和名の由来　いつでも葉があり、果実がはじけることから。

見分け方　ムラサキサギゴケ－地面をはう枝がある。花は大きく、1.5～2cm。

分布：日本全土
花期：4～10月

ハエドクソウ　ハエドクソウ科

蠅毒草

　るり池周辺にみられる。1科1属1種で、山地の林ややぶに生える多年草。茎は直立し、高さ50～70cm。葉は卵形～長楕円形で長さ7～10cm、幅4～7cm、ふちに鋸歯がある。花は茎先に数個まばらにつき、白色または淡桃色の唇形で小さく、5～6mm。実は先がカギ形で衣服につく。

和名の由来　根の汁を煮詰めて紙に湿らせてハエ取り紙をつくったことから。

分布：日本全土
花期：7～10月

ホタルブクロ　キキョウ科

蛍袋　　　別名：チョウチンバナ

　るり池東や見晴台付近にみられる。山野に生える多年草。茎は高さ30～80cmで粗い開出毛がある。茎葉は三角状卵形で鋸歯がある。花は淡紅紫色または白色で鐘形、先は浅く5裂してそり返る。がくは裂片の間に強くそり返る付属体がある。

> **和名の由来**　花の形が提灯に似ていることから。また花の中に蛍を入れて遊んだことから。

見分け方　ヤマホタルブクロがくにそり返る付属体がない。

白花

分布：日本全土
花期：6～7月
付記：花言葉－正義、貞節

ミゾカクシ　キキョウ科

溝隠　　　別名：アゼムシロ

　本丸裏広場（下）にみられる。田の畦や湿り気のあるところに生える多年草。茎は細くよく分枝し、地面にはって長く伸び、節から根を出す。葉は披針形～狭楕円形で鋸歯があり、まばらに互生する。花は片側だけに5枚の白色に紅紫色を帯びた花弁を扇状に開く。花冠は唇形で、上唇は2裂、下唇は3裂、長さ1cm。

> **和名の由来**　溝を覆うように繁殖することから。

分布：日本全土
果期：6～11月

コヒルガオ　ヒルガオ科
小昼顔

　第四駐車場付近や本丸への道にみられる。野原や道ばたの草地に生える多年草。茎はつる性で周りのものに絡みつく。葉は細い三角状ほこ形。葉の脇から花枝を出し、その先に3～3.5cmの花をつける。花冠は淡紅色で、花枝の上部に縮れたひれができるのが特徴。

和名の由来　ヒルガオに比べて、葉や花が小さいことから。

分布：日本全土
花期：6～8月
付記：10時頃開き、夕方に閉じる

ヤクシソウ　キク科
薬師草

　公園内の各所でみられる。日当たりのよい山地に生える多年草。茎は高さ30～120cmでよく分枝する。全体無毛。根生葉はさじ形で柄があり、開花時には枯れる。葉は薄く、基部で茎を抱き、切ると白い乳液を出す。頭花は舌状花10～15枚の黄色で枝先に多数つく。

和名の由来　昔、薬草として使われたことからや、頭花の苞葉が薬師如来の光背に似ているからなどの諸説がある。

分布：日本全土
花期：8～10月

キツネアザミ　キク科

狐薊

　本丸裏広場にみられる。1属1種で、道ばたや草地に生える越年草。茎は直立し高さ60〜80cmで、上部で分枝する。葉は羽状に深く裂け、茎とともに白い綿毛が密生する。枝の上部に多数の紅紫色の径2.5cmの頭花をつけ、上向きに咲く。外側の総苞片には、トサカ状の突起がある。

和名の由来　花の姿がアザミに似るが、刺がないのでキツネが化けたのかといわれたことから。

分布：本州、四国、九州
花期：5〜6月

ブタナ　キク科

豚菜

　姫御殿跡付近ほかにみられる。昭和の初めに帰化した多年草。茎は高さ50cm以上になり、分枝しないかまたはわずかに枝分かれをし、先に頭花をつける。葉はすべて根生し、倒披針形でふちに鋸歯があり、両面に毛が多い。頭花は黄色で径3〜4cmある。ヨーロッパ原産。

和名の由来　仏語の「ブタのサラダ」をそのまま訳したもの。

分布：(帰化植物)
花期：6〜11月

ニガナ　キク科

苦菜

　るり池周辺、傘松周辺などにみられる。山野の草原に生える多年草。茎は高さ30cm内外。根生葉は細長く、様々な切り込みがある。茎葉はやや短く、基部は耳状で茎を抱く。茎の先端で枝分かれし、多数の黄色の頭花をつける。小花は5～7個、葉や茎に苦みのある白い乳液を含む。

和名の由来　葉や茎に傷をつけると出る白い乳液に、苦みのあることから。

分布：日本全土
花期：5～6月

ハナニガナ　キク科

花苦菜　　　別名：オオバナニガナ

　ピクニック広場（上・下）にみられる。山野に生える多年草。シロバナニガナの1品種で黄色の花をつける。根生葉は大きく、長さ20cmある。茎の高さは40～70cmで、上部で枝分かれして散房状に頭花をつける。頭花はニガナより大きく、2cmほどで、小花は7～11個ある。

和名の由来　ニガナより小花が多く、花が目立つことから。

分布：日本全土
花期：5(下)～7月(ニガナよりやや遅い)

ヒメジョオン キク科
姫女苑　　別名：ヤナギバヒメギク

　るり池周辺や本丸裏広場にみられる。道ばたや草地に生育する1～2年草。根生葉は長柄があり、卵形、花時には枯れる。茎は高さ30～150cm。茎葉は薄く、茎を抱かない。茎の中は白い髄で満たされている。茎の先端に白色または淡紫色の頭花をつける。後から渡来したハルジオンに押されて数が減少している。北アメリカ原産。

> **和名の由来**　紫苑の小形のものということから。

> 分布：（帰化植物）
> 花期：6～10月
> 付記：花言葉－素朴で清楚

ノゲシ キク科
野罌粟　　別名：ハルノノゲシ

　中道、本丸裏広場などにみられる。道ばたや草地に生える1～2年草。茎は高さ50～100cmになり、やわらかく中空で、稜（角ばった隆起）がある。葉は羽状に切り込む。頭花は黄色または帯白色。果実は白色の冠毛を持つ。葉や茎をちぎると白い汁が出る。ヨーロッパ原産。

> **和名の由来**　春に咲き、葉がケシの葉に似ていることから。

> 分布：（帰化植物）
> 花期：4～8月。南部では1年中

コウゾリナ キク科

剃刀菜

　るり池北や本丸裏などの草地にみられる。山地に生える越年草。茎の高さ25〜100cmで、全体に褐色または赤褐色の剛毛が多い。根生葉は開花時には枯れ、葉は披針形で基部は茎を抱く。花茎は多少枝分かれし、その上部に舌状花だけの黄色の頭花をつける。

和名の由来 茎や葉に剛毛が生えていることから、剃刀を連想してつけられたもの。

分布：日本全土
花期：5〜10月

オニタビラコ キク科

鬼田平子

　本丸裏広場、アジサイ園などにみられる。山地に生える1〜2年草。茎は直立し高さ20〜100cm。根生葉はロゼット状になる。葉は倒披針形で羽状に深裂する。茎葉は少なく、上部では小さい。花は茎先に散房状につき、黄色の頭花は径7〜8mm。果実には白い冠毛がつく。

和名の由来 タビラコに似ていて大きいことから。

分布：日本全土
花期：北方では5〜10月、南方では年中

ヤブタビラコ　キク科

藪田平子

　第四駐車場周辺はじめ中道などにみられる。草地に生える越年草。茎はやわらかく、斜上する。根生葉は長さ5〜15cm。花茎は20〜30cmになり、上部で枝分かれし、先端に黄色の頭花をつけ、まばらな円錐花序となる。頭花は舌状花だけからなる。そう果は小さく、先端に突起がない。

和名の由来　タビラコに似て、やぶに生えることから。

分布：日本全土
花期：5〜7月

チチコグサ　キク科

父子草　　　別名：アラレギク

　ピクニック広場（上）などにみられる。山野や芝生に生える多年草。地上を横にはう茎を出して増える。根生葉は線形で長さ2.5〜10cm、表面は緑色、裏面は綿毛があり白い。花茎は細く高さ8〜25cmで、根生葉の間から数本直立する。頭花は褐色で茎の先端に集まってつく。

和名の由来　ハハコグサに似るが、地味なことから。

分布：日本全土
花期：5〜10月

ノブキ キク科

野蕗

東中道にみられる。山地の木陰に生える多年草。長さ10〜20cmの葉柄には狭い翼がある。葉は三角状心形で、葉裏には綿毛が生え白っぽい。茎は上方で枝分かれし、白い筒状花をつける。頭花は中央部が両性花で、周りを雌花が囲む。そう果はこん棒状で綿毛があり衣服につく。

和名の由来 葉がフキの葉より一回り小さいが、似ていて山野に多いことから。

分布：日本全土
花期：7〜8月

ヤブレガサ キク科

破れ傘 別名：ヤブレカラカサ

溺手門付近にみられる。林下の草地に生える多年草。茎は直立して50〜100cmになる。葉は長い柄があり、円形で掌状に深く裂け、裂片は7〜9個で鋸歯がある。頭花は白色または淡紅色で、円錐花状に多数集まる筒状花だけで舌状花はない。根茎が分枝して増え、群落をつくる。

和名の由来 切れ込みの多い葉を破れた番傘に見立てたもの。

分布：本州、四国、九州
花期：7〜10月
付記：双子葉植物だが、子葉が1枚という特性を持っている

アジサイ　ユキノシタ科
紫陽花

本丸南のアジサイ園にみられる。ガクアジサイの両性花が装飾花(そうしょくか)に変わった種で、古くから植栽されている。高さ1.5m。葉は対生し、長さ10〜15cmの卵形〜広卵形で鋸歯があり、質は厚い。枝先に装飾花を球状につける。淡青紫色の花弁にみえるのはがく片で、花弁はごく小さい。結実しない。

アジサイ園

分布：（栽培種）
花期：6〜7月
付記：季語－初夏　用途－庭木、鉢植え
　　　花言葉－移り気、冷酷、辛抱強さ

和名の由来　花が固まって咲く様子から、アツサキ（厚咲）のなまったもの。

ガクアジサイ

ガクアジサイ　萼紫陽花

枝先の散房花序に小形の両性花多数と装飾花をつける。結実する。花の色は淡紅色、淡青紫色、紫色。自生種で房総半島、伊豆諸島などの暖地海岸にみられる。

アジサイ

セイヨウアジサイ

セイヨウアジサイ　西洋紫陽花

日本産のアジサイが中国を経てヨーロッパにわたり、改良された品種が逆輸入されたものがセイヨウアジサイと呼ばれている。園芸種として公園などに多い。

アジサイは土壌の酸性度や肥料の違いにより花の色が変わる。

イワガラミ　ユキノシタ科

岩絡み　　　　別名：ユキカズラ

　本丸裏ほかの林縁にみられる。山地に生えるつる性落葉樹。気根（きこん）を出して岩や木にはいのぼる。茎は太いものでは8cmになる。葉は対生し、長さ5〜12cmの広卵形でふちに粗い鋸歯がある。両面に毛があり、裏面は緑白色。葉柄は長く褐色毛がある。小形の両性花多数と広卵形白色の装飾花をつける。

和名の由来　気根を出し、岩に絡みつくことから。

分布：日本全土
花期：5〜7月

ガマズミ　スイカズラ科

莢蒾　　　　別名：コツズミ

果実

　るり池や見晴台周辺など各所にみられる。山野に生える落葉低木。高さ2〜4m。葉は対生し、長さ6〜15cmの広卵形から円形で両面に星状毛が多く、粗い鋸歯がある。本年枝の先端に散房花序を出し、小さい白い花を多数開く。果実は6〜6.5mmで赤く熟す。

和名の由来　不明だが「神ッ実のなまり」とする説や、「スミは染のなまりで、この種の果実で古く衣類を染めたから」の説もある。

見分け方　ミヤマガマズミ―葉は倒卵形でほぼ無毛。果実大きく、数が少ない。

分布：日本全土
花期：5〜6月
果期：9〜11月
付記：用途－器具材、染料、食用（実）

ハナゾノツクバネウツギ　スイカズラ科

花園衝羽根空木　　別名：アベリア

　中東屋広場にみられる。中国原産の常緑～半落葉低木。広く植栽されている。高さ1～2mになり、よく分枝して茂る。葉は対生または輪生し卵状披針形。ふちに鋸歯があり、質は厚く、光沢がある。枝先にやや淡紅色を帯びたろうと形の白い花をつける。花期は長く少し芳香がある。

和名の由来　ウツギのなかまで庭園に咲き、果実にプロペラのようながくがあることから。

分布：（栽培種）
花期：5～11月
付記：用途－庭木、公園樹

スイカズラ　スイカズラ科

吸葛　　別名：キンギンカ

　中東屋広場や見晴台付近にみられる。野山に生える半落葉つる植物。茎は長く伸び、よく分枝する。樹皮は灰色を帯びた赤褐色で腺毛が密生する。葉は対生し楕円形または長楕円形で全縁。枝先の葉脈(ようみゃく)に2個ずつ花が咲く。花冠は筒型で唇状に大きく2裂し、はじめ白色で後に黄色になる。果実は黒く熟す。

分布：日本全土
花期：5～6月
付記：用途－庭木
　　　食用－イチモンジセセリ

和名の由来　花の中に蜜があり吸うと甘いことから。別名は花が黄色に変わることから。

ナツツバキ　ツバキ科

夏椿　　　別名：シャラノキ

　観光会館の東側丘陵に並木状に植栽されている。山地に生える落葉高木。高さ10～20m。樹皮は帯黒赤褐色で浅くはがれる。葉は互生し葉身は羊革質で、長さ4～10cm、幅2.5～5cm。表面は緑色、裏面はまばらに毛がある。葉腋に径5～6cmの白い花を開く。花弁は5個でふちに細かい鋸歯がある。朔果は木質の卵形で5裂する。

> **和名の由来**　夏にツバキのような花を開くことから。

分布：本州（宮城・新潟以西）、四国、九州
花期：6～7月
付記：花言葉－愛らしさ
　　　用途－庭木、公園樹、床柱

マユミ　ニシキギ科

真弓

　第四駐車場前や本丸裏広場（上）にみられる。山地に生える落葉小高木または高木。雌雄異株。今年枝は緑色。樹皮は灰白色。葉は6～15cmの円形か楕円形で鋸歯がある。裏面淡緑色。前年枝の基部から花序を出し、淡緑色で3～4mmの花を開く。花弁・がく片4個。朔果は四角形で淡紅色に熟す。

朔果

> **和名の由来**　この木で、弓をつくったことから。

分布：日本全土
花期：5～6月
付記：用途－庭木、公園樹、盆栽、玩具材

サルスベリ　ミソハギ科

猿滑り　別名：ヒャクジツコウ－百日紅

傘松の東道筋にみられる。中国より渡来した落葉高木。樹皮は薄くはがれ落ちて、跡が雲紋状に白く残り、表面は著しく平滑。葉は長さ3～8㎝の倒卵状楕円形で、鋸歯がない。枝先の円錐花序に径3～4㎝に紅紫色または白色の花を次々に開く。花弁は6個でしわが多い。朔果は球形。

分布：（植栽種）
花期：7～9月
付記：季語－盛夏　花言葉－雄弁
　　　用途－花木、街路樹

幹（下部）

和名の由来　樹皮がなめらかで、猿も滑るとのことから。別名百日紅は花が長い間咲き続けることから。

フジ　マメ科

藤　別名：ノダフジ

霞ヶ池周辺にみられる。山野に生えるつる性落葉木本植物。自生するがよく植栽し、棚作りされる。つるは長く伸び、ほかの木などに右巻きに巻きつく。葉は奇数羽状複葉で、小葉は5～9対で質は薄い。花序は20～90㎝でたれ下がり多くの花をつける。花は基部から咲き始め紫色または淡紫色。豆果は狭倒卵形で扁平、ビロード状の短毛を密生する。

豆果

和名の由来　吹き流しを意味するフキチリ（吹散）の略。

見分け方　ヤマフジ－花房が短く、つるは左巻き。

分布：本州、四国、九州
花期：5～6月
付記：花期－晩春　花言葉－美、詩情
　　　用途－薬用（果実）、庭木

ネズミモチ　モクセイ科

鼠黐　　　　別名：タマツバキ

果実

　本丸裏広場（上・下）にみられる。山地に生える常緑小高木。枝はよく分枝し、粒状の皮目がある。葉は対生し、卵形で先はとがり革質で光沢がある。本年枝の先に円錐花序を出し白い花を多数つける。花冠は5～6㎜の筒状ろうと形で4深裂する。果実は楕円形で、11～12月頃黒紫色に熟す。

和名の由来　果実がネズミのふんに、葉がモチノキの葉に似ることから。

分布：本州（関東以西）、四国、九州
花期：6月
付記：用途－庭木、生垣、公園樹

ヤブコウジ　ヤブコウジ科

藪柑子

果実

　堀切土手、見晴台前土手などにみられる。山地の山際に生える常緑小低木。高さ10～20㎝。地下茎を伸ばして増える。葉は単葉で、3～4枚が輪生状に互生し、楕円形でふちに細かい鋸歯がある。葉の脇から花序を出し、径5～8㎜の花を2～5個下向きに咲く。花冠は白色で5裂する。果実は球形で赤く熟す。

分布：北海道（奥尻島）、本州、四国、九州
花期：7～8月
付記：用途－庭木、鉢植え

和名の由来　やぶに生え、葉の形、果実がコウジに似ていることから。

アワブキ　アワブキ科

泡吹

　煙硝倉跡広場や見晴台付近などにみられる。山地に生える落葉高木。高さ10m、径30㎝になる。樹皮は帯紫暗灰色で、皮目がある。葉は8〜25㎝の長楕円形で、洋紙質。枝先に直立する円錐花序を出し、淡黄白色の花を多数つける。花弁は5個で、3個は大きく2個は小さい。核果は赤く熟す。

和名の由来　幹に水分を多く含むため、この木を燃やすと切り口から泡が出ることから。

分布：本州、四国、九州
花期：6〜7月
付記：用途ー薪炭、細工物

ニシキギ　ニシキギ科

錦木

　中東屋広場などにみられる。山地に生える落葉低木。枝は緑色で、コルク質の翼がある。葉は長さ2〜7㎝の倒卵形で対生し、先端はとがり、細かい鋸歯がある。両面無毛。葉腋から集散状の花序を出し、径6〜7㎜で黄緑色の花を数個つける。花弁は広楕円形で4枚。朔果は狭倒卵形で、熟して橙赤色の仮種皮が破れ、種子が現れる。

花・コルク質の翼

朔果

分布：日本全土
花期：5〜6月
付記：用途ー庭木、盆栽

見分け方　コマユミー枝にコルク質の翼がない。

和名の由来　紅葉の美しさを、錦に例えたことから。

シラカシ　ブナ科
白樫

　本丸南、松森館付近に大木がみられる。山地に生える常緑高木。樹皮はなめらかで、緑色を帯びた黒灰色。葉は互生し、長楕円状披針形で浅い鋸歯があり、やや革質。裏面は緑白色。本年枝に雄花序と雌花序をつける。殻斗(かくと)（イガ）は浅い椀型で、6〜7個の横の環があり、無毛。

分布：本州（福島、新潟以西）、四国、九州
花期：4〜5月
付記：用途－防風林、公園樹、建築器具材

和名の由来　材が白色のカシであるから。

エゴノキ　エゴノキ科
斉墩果　　別名：チシャノキ、ロクロギ

　搦手門周辺などにみられる。山麓に生える落葉小高木。高さ7〜15m、幹の樹皮は暗紫褐色葉でなめらか。葉は互生し、長さ5〜8cmの長楕円形でふちは細かい鋸歯か全縁。本年枝の先に白い花を1〜4個下垂する。花冠は深く5裂し、星状毛を密生する。果実は蘭球形で灰白色。

果実

分布：北海道（日高地方）、本州、四国、九州
花期：5〜6月
付記：用途－床柱、玩具、杖、駆虫薬

和名の由来　果実の果皮(かひ)にエゴサポニン（有毒物質）が含まれ、えごいことから。

101

クサギ

クマツヅラ科

臭木

中道南林内などにみられる。山野の林縁に生える落葉低木。高さ2～3m。樹皮は暗灰色で丸い皮目が目立つ。対生する葉は左右大きさが異なり、三角状心形～広卵形で、長い柄がある。枝や葉には強い臭気がある。枝先に集散花序を出し、白い香りのよい花をつける。花冠は細長い筒状で先は5裂し、平開する。果実は球形の核果、熟すと藍色。

和名の由来 葉などに悪臭があることから。

分布：日本全土
花期：8～9月
付記：用途－薬用（根）、染料（果実）、食用（若葉）、薪炭

ムラサキシキブ

クマツヅラ科

紫式部　　　　別名：ミムラサキ

搦手門周辺などにみられる。山野に生える落葉低木。若枝は細く、星状毛がある。葉は対生し、楕円形または長楕円形で、ふちに細かい鋸歯がある。両面無毛。裏面に黄色を帯びた腺点がある。葉腋から集散花序を出し、淡黄色の花を多数つける。花冠は筒状で先は4裂し平開する。果実は球形で10～11月に紫色に熟す。

分布：日本全土
花期：6～7月
果期：10～11月
付記：用途－庭木、器具材、箸、柄

和名の由来 紫色の果実の優美な様子を紫式部の名を借りて例えたもの。

ミズキ　ミズキ科

水木　　別名：クルマミズキ

本丸裏広場（上）など各所にみられる。山地に生える落葉高木。高さ10〜15m。枝を四方に広げ、階段状の樹形を示す。葉は互生し、広卵形〜楕円形、全縁で枝先に集まる。葉の長さは6〜16cm、幅3〜7cmで裏は粉白色。白い花を枝先に密につける。花弁は4個で平開する。果実は球形で黒く熟す。

果実

分布：日本全土
果期：5〜6月
付記：用途－街路樹、食器・こけし材、薪炭

和名の由来　樹液が多く、春先に枝を折ると樹液が出ることから。

クマザサ　イネ科

隈笹

中道南側や本丸への道筋などにみられる。京都府の一部に自生する多年生常緑笹。稈は高さ0.5〜2m、径3〜8mm、基部でまばらに分枝し、普通節や葉身ともに無毛。肩毛は放射状によく発達する。葉は長楕円形革質で、長さ20〜25cm、幅4〜5cm。冬期、ふちが白く隈取られて美しい。

分布：本州（京都）
付記：用途－庭園、料理の飾り、門松
　　　食草－ヒメウラナミジャノメ、ヒメキマダラヒカゲ、オオチャバネセセリ

和名の由来　冬になると、葉のふちが白く枯れて隈取られることから。表記は熊笹ではない。

オカメザサ　イネ科

阿亀笹

　中道トイレ南斜面などにみられる。日本特産種の多年生常緑笹。各地に植栽されているが、野生種の生息地は不詳。稈は高さ1～2m、断面やや三角形。節は高く、節間5～15cm。節から短い枝を数個ずつ出し、先端に葉を1個つける。葉は長さ6～10cmの広披針形で、裏面に毛があり、5～7mmの骨質の短柄がある。

和名の由来　東京浅草の酉の市で、これにおかめ（阿亀）の面をつけて売ったことによる。

分布：自生の野生地は不明だが、西日本の流紋岩地に多くみられる。
付記：用途－庭木、生垣、籠など細工材
　　　食草－オオチャバネセセリ

アズマネザサ　イネ科

東根笹　　　　　別名：アズマシノ

　見晴台前低木林内や各所林縁にみられる。低山や丘陵地に生える多年生常緑笹。稈はまばらに出て株立ちとはならず、高さ1～5m、径2～30mm、節やさやは無毛、枝は各節に1～5本出る。葉は狭披針形で長さ5～25cm、幅5～20mm、洋紙質で両面とも無毛。肩毛は白色で平滑。

和名の由来　関西のネザサに対し、東日本に最も普通にみられるから。

分布：北海道（西南部）、本州（静岡、長野以北）
付記：用途－細工物
　　　食草－コチャバネセセリ

ヤダケ
矢竹　　　　　別名：クスザサ
イネ科

　丹羽神社付近や中道トイレ付近などにみられる。山野に野生し、また庭に植栽される多年生常緑笹。稈は高さ1～2m、径4～8㎜、節間は長く節は低い。枝は上部の節から1本ずつ出て、翌年枝分かれする。葉は枝先に2～10枚つき、長さ4～30㎝の披針形で両面とも無毛。表面は光沢があり、裏面は白色を帯びる。

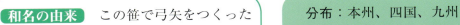

和名の由来 この笹で弓矢をつくったことから。

分布：本州、四国、九州
花期：用途－庭木、釣り竿、矢柄

アズマザサ
東笹　　　　　別名：カントウザサ
イネ科

　見晴台前低木林内などの林縁にみられる。山野に生える多年生常緑笹。さやは高さ1～2m、径4～8㎜、無毛で紫色を帯びることが多い。枝は上部の節から1本ずつ出る。葉は枝の先に3～7枚ずつつき、広披針形ないし長楕円状披針形。長さ17～25㎝、幅25～30㎜、洋紙質で裏面に細毛がある。肩毛は放射状につき、かたくて基盤がざらつく。

和名の由来 関東地方で初めて採集したことから。

分布：本州（関東から東北に多い）、九州
付記：用途－園芸用、飼料

アカマツ　マツ科

赤松　　　　別名：メマツ

　公園内各所にみられる。山地に生える常緑高木。幹は直立し、高さ30～35m、径2.5mになる。樹皮は赤褐色で老木になると亀甲に裂ける。葉は針状で2本ずつつき、長さ7～12cm。葉の横断面は半円形。雌雄同株で、雄花は緑赤褐色で本年枝の下部に多数つき、雌花は紅紫色で2～3個若枝の先端につき、翌年秋に成熟する。

> **和名の由来**　樹皮が赤褐色を帯びることから。メマツ（雌松）はクロマツの別名オマツ（雄松）に対比して。

左：雌花　右：雄花

> 分布：日本全土
> 花期：4～5月
> 付記：季語－初夏　花言葉－気品、気高さ
> 　　　用途－樹脂、庭木、街路樹

> 分布：本州（青森以南）、四国、九州の海岸沿い
> 花期：4～5月
> 付記：用途－防風・防潮林、庭木、樹脂

クロマツ　マツ科

黒松　　　　別名：オマツ

　洗心亭周辺ほかにみられる。海岸砂地に生える常緑高木だが、多く植栽されている。高さ40m、径2mになる。樹皮は灰黒色で厚く、亀甲状にはがれる。葉は2針形でかたく、長さ15cmほどになる。雌雄同株で、雄花は黄色で長さ1.5～1.8cm、雌花は紫紅色でほぼ球形。球果は翌年の10月頃に成熟する。

> **和名の由来**　樹皮が灰黒色を帯びることから。

見分け方　クロマツーアカマツより葉が大きく先がとがり、かたい。

106

ゴヨウマツ　マツ科

五葉松　　別名：ヒメコマツ

　グラウンド上部の道筋などに植栽樹がみられる。山地から深山の尾根筋に生える常緑針葉高木だが、植栽が多い。幹は高さ40m、径1mほどになる。樹皮は暗灰色で、不ぞろいの薄い鱗片となっている。葉は針形で短く5cmほどでややねじれ、5個ずつつく。雌雄同株で、雌花は紅紫色。種子は種子より短い翼がある。

球果

> **和名の由来**　葉が5個ずつつくことから。

見分け方　キタゴヨウー本州中北部以北。種子の翼が種子より長い。

> 分布：本州（東北東南部以西）
> 花期：5～6月
> 付記：用途－庭木、盆栽、楽器・彫刻材

タギョウショウ　マツ科

多行松

　箕輪門東にみられる。アカマツの1品種で、庭園などに植栽されている。根元近くから多くの幹をほうき状に出す。ウツクシマツより枝の広がる角度が大きく、倒円錐形の樹形を呈し美しい。葉は針状でややかたい。雌雄同株で雌花は紅紫色、球果は卵状円錐形。

上部：雌花　下部：雄花

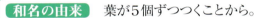

> 分布：（植栽種）
> 花期：4月
> 付記：用途－庭木

> **和名の由来**　多くの幹に分かれていることから。

見分け方　ウツクシマツー幹の広がる角度が狭い、葉がやわらかい。

モミ　マツ科

樅

本丸裏の堀切の両側に並木状にみられる。日本特産の常緑針葉樹。高さ40m、径2mになり、樹形は広卵状円錐形。樹皮は灰色から暗灰色で、鱗片状に浅くはがれる。若枝には短毛が生える。葉は線形で裏に淡い緑色の気孔帯が2本ある。若木の葉は先端が2裂する。雌雄同株。球果は長さ10〜15cmの大形で円錐形。10月に完熟する。

和名の由来 1カ所に多くあり、もみ合うことから。

分布：本州（秋田県以西）、四国、九州
花期：5月
付記：用途－庭木、建築、彫刻、家具材

スギ　スギ科

杉　　　　　別名：オモテスギ

日陰の井戸周辺ほか各所に植栽されている。日本特産の常緑高木で山地の沢沿いに自生するが、多くは植林。樹冠は楕円状円錐形。樹皮は黄褐色で縦に長く裂ける。葉は小形の鎌状針形でらせん状につく。雌雄同株で雄花は前年枝の先に多数つき淡黄色楕円形。雌花は前年枝の先に1個つき緑色で球形。球果は卵状球形で、10月成熟する。

雄花と球果

分布：本州、四国、九州
花期：4月
付記：用途－建築、器具材、街路樹

和名の由来 まっすぐ（直木）に成長することから。別名オモテスギは太平洋側のスギ。日本海側のスギはウラスギ。

ヒノキ　ヒノキ科

檜

　搦手門周辺や智恵子抄詩碑広場などに植栽されている。常緑高木で、園芸品種が多い。高さ20〜30m、大きいものは径2.5mになる。枝は細く水平に広がり卵形の樹幹になる。樹皮は赤褐色で縦に長く裂ける。葉は鱗片状で交互に対生する。雌雄同株。雄花は2〜3mmの広楕円形で紫褐色。雌花は3〜5mmの球形。球果は8〜12mmのほぼ球形。

葉と雄花

和名の由来　「火の木」で、昔、この木をこすり合わせて火をおこしたことから。

分布：本州（福島県以南）、四国、九州
花期：4月
付記：用途ー庭木、建築、器具、彫刻材

キャラボク　イチイ科

伽羅木

　るり池東やピクニック広場（上）にみられる。常緑低木。深山に自生し、庭木として植栽されている。高さ1〜2mになり、株から枝分かれして、横に広がり地面をはう。葉は1〜2cmの線形で、らせん状に互生し、ややわらかい。雌雄異株。雄花は淡黄色、雌花は緑色。果実は肉質の赤い仮種皮が種子をつつむ。秋に成熟する。

果実

分布：本州（秋田県真昼岳〜大山の日本海側）
果期：3〜5月
付記：用途ー庭木

和名の由来　キャラに似て香りを持っていることから。

見分け方　イチイー葉が2列に並ぶ。

109

秋季 9～11月

主な植物
- 草本植物
ヤマジノホトトギス、ヒガンバナ、スズメノヒエ、アキノキリンソウ、ヒヨドリバナ、ミヤギノハギ
- 木本植物
イチョウ、キンモクセイ、クヌギ、ケヤキ、オオモミジ、イロハモミジ、トウカエデ、エンコウカエデ

○落葉と落葉樹
落葉とは秋の終わりから冬にかけて、葉が落ちる前に葉の根元に離層（コルク質の層）ができ、幹からの水の補給が絶たれ葉が枯れて落ちること。
○紅葉・黄葉－葉の基部に離層がつくられ、植物の葉に含む植物色素アントシアンがたまることによる。
○落葉樹は、広葉樹のブナ科（ブナ、コナラ）、カエデ科（カエデ類）、バラ科（サクラ類）などに多いが、裸子植物のイチョウ科（イチョウ）、マツ科（カラマツ）、スギ科（メタセコイア）などの針葉樹にもある。

ヒガンバナ　　ヒガンバナ科

彼岸花　　別名：曼珠沙華

ピクニック広場ほか各所にみられる。人里や道ばたに生える多年草。9月頃鱗茎から花茎を出し、花被は6枚で細長く、ふちは縮れ、朱色で、輪状につける。花期に葉はなく、花後（晩秋）に光沢のある線形の葉を出し、冬を越し晩春に枯れる。白花もある。種子はできない。

和名の由来　花が秋の彼岸の頃に咲くことから。

見分け方　ヒガンバナー花が朱色。キツネノカミソリー花が黄赤色、花期に葉あり。

分布：日本全土
花期：9月
付記：花言葉－貫方に一途、情熱
　　　有毒植物

ヤマジノホトトギス　ユリ科

山路の杜鵑草

　洗心亭から傘松への道筋にみられる。山地に生える多年草。茎の高さ30〜60cmで毛がある。葉は卵状長楕円形でまばらに毛があり、先がとがり、長さ8〜18cm。花は葉の元に1〜2個つき、花びらは白色で紫色の斑点がつく。上部は半開し、そり返らない。

> **和名の由来**　山に生え、花の紫斑を鳥のホトトギスに見立てたもの。

見分け方　ヤマホトトギスは花びらの先がそり返る。

分布：日本全土
花期：8〜10月
付記：花言葉（ホトトギス）ー永遠にあなたのもの

スズメノヒエ　イネ科

雀の稗

　本丸裏広場にみられる。草地に生える多年草。高さ40〜80cmで茎は叢生し、細い。葉は長い線形でやわらかい毛が生える。茎の先に3〜5個の枝を出し花序をつくり、枝の軸面に淡い緑色の小穂が多数並ぶ。小穂は先端がとがった卵状円形で、短い柄がある。

> **和名の由来**　ヒエに似て、小形であることから。

分布：日本全土
花期：8〜10月

オトコエシ オミナエシ科

男郎花

本丸裏広場やグラウンド西など各所にみられる。山野に生える多年草。茎は高さ1mで、全体に毛が多い。葉は卵形か羽状に切り込み鋸歯がある。花序は多数に枝分かれし、小さい白花を多数つける。花冠は5裂し、径4mmで、距はない。

和名の由来 オミナエシより大形で剛強にみえることから。オミナエシは女飯(おみなめし)で黄色い粟ご飯、オトコエシは男飯(おとこめし)で白い米ご飯の説もある。

分布：日本全土
花期：8〜10月
付記：用途ー薬用

ヒヨドリバナ キク科

鵯花

るり池周辺、本丸裏広場など各所にみられる。山地に生える多年草。茎は高さ1〜2mで、縮れ毛がありざらつく。葉は薄く、卵状長楕円形で鋸歯がある。両面に縮れた短い毛がまばらに生え、裏面には腺点がある。上部の枝先に多数の頭花をつける。筒状花は白色だが、まれに紫色を帯びる。

和名の由来 ヒヨドリが鳴く頃に花が咲くことから。

見分け方 ヨツバヒヨドリは葉4枚を輪生する。

分布：日本全土
花期：8〜10月

サジガンクビソウ キク科

匙雁首草

　るり池周辺野生植物保護地ほかにみられる。山地の木陰に生える多年草。茎は高さ25～50cm。茎、葉ともに開出毛がある。根生葉はロゼット状。茎葉は少ない。頭花は8～15mmの卵形で、茎の上部に下向きにつく。

和名の由来　きせるの雁首（がんくび）に似て、毛が密生したさじ形の根生葉が花後も残ることから。

分布：日本全土
花期：8～10月

アキノキリンソウ キク科

秋の麒麟草　　　別名：アワダチソウ

　るり池周辺の野生植物保護地ほか各所にみられる。日当たりのよい山地に生える多年草。高さ20～80cm。下部の葉は卵形、上部の葉は披針形で長さ4～9cm、幅1.5～5cm。頭花は茎の先に散房状または総状に多数つき、花冠は黄金色。舌状花と筒状花があり、筒状花が結実する。

和名の由来　ベンケイソウ科のキリンソウと花が似ていて秋に咲くことから。一般に黄色の花の咲く草本を麒麟草と呼ぶことが多い。

分布：日本全土
花期：8～11月
付記：秋に咲く黄金色の花の代表種

オニノゲシ　キク科

鬼野罌粟

　姫御殿跡や本丸裏広場などにみられる。荒れ地や畑に生える2年草。全体が壮大で高さ1.2mになる。茎には多数の稜があり、切ると白い汁が出る。葉は厚く、光沢があり羽状に切り込みがある。裂片の先は刺状で触ると痛い。頭花全て舌状花。花冠は黄色で、そう果の冠毛は白色。ヨーロッパ原産。

和名の由来　大きく、荒々しいことから鬼がついた。

分布：（帰化植物）
花期：4～10月、南部は1年中

アキノノゲシ　キク科

秋の野芥子

　第四駐車場周辺や見晴台付近にみられる。草地や荒れ地に生える1～2年草。茎は直立し、1.5～2mになる。葉は互生し長楕円状披針形で10～15cm、逆向きの羽状に分裂する。葉質はやわらかく、ノゲシのように基部を抱かない。全体無毛で、切ると白乳液を出す。花は茎先に多数つき、頭花は白～淡黄色で約2cm。

和名の由来　ノゲシに似るが、秋に花をつけることから。

分布：日本全土
花期：8～11月

ノハラアザミ　キク科

野原薊

　るり池周辺やピクニック広場などにみられる。秋の野原に生える多年草。茎は高さ40〜100cm。根生葉は長楕円形披針形で、羽状に中裂し、裂片に欠刻と刺があり、葉脈は紅紫色を帯びる。頭花は紅紫色で、枝の先に直立してつく。総苞は鐘球形でくも毛があり粘らない。

> **和名の由来** 野原に多いアザミであるから。

見分け方　ノアザミー総苞がやや球形で粘る。ノハラアザミー総苞が鐘形で粘らない。

分布：本州（中部地方以北）
花期：8〜10月

ユウガギク　キク科

柚香菊

　るり池周辺、本丸裏広場（上）など各所にみられる。山地の草原や道ばたに生える多年草。茎は高さ40〜150cmでよく分枝する。葉は薄く卵状長楕円形または長楕円形で浅く裂けるか羽状中裂し、両面に毛がある。舌状花は白色でやや淡紫色を帯びる。

> **和名の由来** ユズの香りがするからとのことだが、ユズの香りはない。優雅菊ではないかとの説もある。

分布：本州（近畿地方以北）
花期：7〜10月

115

キッコウハグマ　キク科

亀甲白熊

　るり池周辺の野生草本植物保護地にみられる。山地の木陰に生える多年草。茎は高さ10〜30cm。葉は茎の下部に5〜10枚集まって輪状につく。葉は心形または腎形、五角形（亀甲）、両面に長い毛がある。葉柄は葉身の約2倍。花は白色の小花を3個または閉鎖花（花を完全に開かないで自家受粉する）をつける。花冠は長さ9mm。冠毛は7mm。

閉鎖花

分布：日本全土
花期：9〜10月

和名の由来　葉が亀甲形で、花を仏具の払子につかう白熊（ハグマ）に例えたことから。

ミヤギノハギ　マメ科

宮城野萩

　見晴台付近に自生が、市道城山線に植栽がみられる。山野に自生するが多くは植栽されている落葉半低木。高さ2mになるが、茎は基部まで草質で先はたれ下がる。葉は長楕円形で先がとがり長さ3〜6cm、互生する。葉の脇から長い総状花序を出し、紫紅色で長さ1.3〜1.5cmの蝶形花を開く。

市道城山線のハギ園

和名の由来　仙台市付近の宮城野に多く自生しているため。

見分け方　ヤマハギー小葉広楕円形裏面白色帯びる。

分布：本州（東北、北陸、中国）
花期：7〜10月
付記：用途ー庭木
　　　食草ーコミスジ、ルリシジミ

イチョウ　イチョウ科
公孫樹

　中道、ピクニック広場など各所にみられる。古い時代に渡来し、寺社などに植えられている雌雄異株の落葉高木。高さ40m、径5m、ときに乳と呼ばれる気根ができる。樹皮は灰色で厚く、縦に割れ目ができる。葉は幅5～7cmの扇形で、中央に切り込みがあり、秋に黄葉する。果実は球形で、黄色に熟し、悪臭がある。中国原産。

和名の由来　葉が1枚（一葉）であることから。

分布：（帰化植物）
花期：4～5月
付記：季語－晩秋
　　　用途－食用（銀杏）、街路樹

オニグルミ　クルミ科
鬼胡桃

　本丸裏や中道南などにみられる。山地に生える落葉高木。高さ7～10mで、樹皮は老木では暗褐色で縦に裂ける。葉は奇数羽状複葉で、11～19枚の小葉からなり、葉柄には褐色の軟毛が、葉の裏には星状毛が密生する。雌雄同株。雄花序は前年枝の葉腋から長くたれ下がり、雌花序は本年枝の先に直立する。核果は径3cm。

雄花

核果

分布：日本全土
花期：5～6月
付記：用途－食用（種子）建築・家具材

和名の由来　殻の表面に凹凸があり、表面の深い溝を鬼に見立てたもの。

クヌギ　ブナ科

櫟

葉・堅果

　ピクニック広場（上）にみられる。山地に生える落葉高木。樹皮は淡褐色で、不規則に割れる。葉は互生し、長楕円状披針形で、ふちに長い針状の鋸歯があり、鋸歯の先端は白く透き通る。雌雄同株で、枝の下部から黄褐色の雄花序をたらし、新枝上部の葉腋に雌花を1～2個つける。堅果（ドングリ）は大形で、下半部は椀形の殻斗に包まれる。翌年秋に熟す。

分布：本州、四国、九州
花期：4～5月
付記：用途ーシイタケの原木、薪炭材、公園樹
　　　食草ーアカシジミ、ミヤマセセリ

和名の由来　クニキ（国木）が転じてクヌギになったといわれる。

ケヤキ　ニレ科

欅　　　　　　　　別名：ツキ

　本丸裏・南西など各所に大木がみられる。山野に生える落葉高木。大木が多い。樹冠は半扇状になる。樹皮は灰褐色。古木はうろこ状にはがれる。葉は狭卵形で基部は浅い心形～円形。側脈は鋸歯まで達し、分岐しない。雄花は淡黄緑色で小さく、本年枝の下部の葉腋に、雌花は本年枝の上部につく。果実はゆがんだ球形で、暗褐色に熟す。

分布：本州、四国、九州
花期：10月
付記：用途ー公園・街路樹、建築・器具・彫刻材

和名の由来　木目が美しいので、"けやしきき"（けやけきー尊いとか秀でたとの意味）からケヤキになった。

コナラ　ブナ科

小楢　　　別名：ホウソ

　グラウンド上部道筋、丹羽神社裏などにみられる。山野に生える落葉高木。高さ15～20m。樹皮は灰白色で縦に不規則に割れ目が入る。葉は互生し、5～15cmの倒卵状長楕円形で、ふちに鋸歯がある。雌雄同株で、雄花序はたれ下がり黄褐色。雌花序は短く、本年枝の上部の葉腋から出る。堅果は長楕円形または楕円形。殻斗は椀状。

堅果

分布：日本全土
花期：4～5月
付記：用途－建築・器具材、シイタケの
　　　原木
　　　食草－アカシジミ、ミヤマセセリ

和名の由来　ミズナラ（オオナラ）より葉などが小柄のことから。

クリ　ブナ科

栗　　　別名：シバグリ

　グラウンド付近などの林内にみられる。山地に生える落葉高木。高さ15～20mで、樹皮は灰黒色でやや深く縦に割れ目が入る。葉は互生し、狭長楕円形で針状の鋸歯（クヌギより短い）がある。雌雄同株で雄花序は長さ10～15cmで、上向きにつく。雌花は緑色で雄花序の基部に固まる。堅果は長い刺のある殻斗に包まれる。

雄花序　殻斗

分布：北海道（西南部）、本州、四国、
　　　九州
花期：6～7月
付記：季語－仲秋　食草－アカシジミ
　　　用途－食用（果実）、建築・彫刻材

和名の由来　朝鮮語の「ＫＵＩ」に基づく。

霞ヶ城公園のカエデ

1 イロハハモミジ　2 オオモミジ　3 トウカエデ
4 ミツデカエデ　　5 エンコウカエデ

カエデの葉と果実

イロハモミジ　カエデ科

以呂波楓　別名：イロハカエデ、タカオカエデ

　るり池周辺はじめ各所にみられる。低い山地に生え、また庭園などに植えられている落葉高木。樹皮は淡灰褐色。葉は対生し、径4～7cmで掌状に5～7裂する。裂片の切り込みは深く先は尾状に伸び、鋸歯は重鋸歯。花は暗紫色で同一花中に両性花と雄花がある。花弁とがく片は5個で花弁は黄緑色か紫色、がく片は暗紫色。果実(翼果)は長さ1.5cmでほぼ水平に開く。

果実（翼果）

分布：本州（福島以西）、四国、九州
花期：4～5月　紅葉（黄葉）－11月
付記：季語－晩春、黄葉仲秋
　　　花言葉－愛と豊穣
　　　用途－公園樹、庭木、建築・器具材

和名の由来　モミジは小葉片をイロハニホヘトと数えたことから。カエデは葉の形がカエルの手の形に似ていることから。

オオモミジ　カエデ科

大紅葉　　別名：ヒロハモミジ

傘松周辺や本丸裏などにみられる。低山の林内に生える落葉高木。樹皮は灰褐色。葉はイロハモミジより大きく、7～11cmで幅広く、鋸歯は細かくそろっている。両性花と雄性花があり、葉が開くとともに雄性花が先に咲き、赤みを帯びた両性花がつづく。翼果は鈍角に開き、厚くてかたい。

翼果

和名の由来　イロハモミジの亜種で、イロハモミジより葉が大きいことから。

見分け方　ヤマモミジ－鋸歯不ぞろい。

分布：日本全土（日本固有種）
花期：4～5月
付記：用途－庭園樹、庭木、建築器具材

エンコウカエデ　カエデ科

猿猴楓　　別名：イタヤカエデ

るり池西林内や搦手門周辺などにみられる。山地に生える落葉高木。樹皮は暗灰色で古木は浅く裂ける。葉は対生し、5～7裂し、裂片の先は尾状に伸びる。ふちには鋸歯がなく、波打つ。雌雄同株で雌花と雄花があり、葉が開く前に黄緑色の花が咲く。翼果はほぼ直角に開く。葉の大きさや裂け方、毛の有無、翼果の開き方に変異が多い。

翼果

分布：本州（太平洋側）、四国、九州
花期：4～5月
付記：用途－庭木、器具・楽器・スキー材

和名の由来　葉の裂片が細長く、テナガザルの手を思わせることから。

トウカエデ　　カエデ科

唐楓

　本丸裏広場（上）にみられる。中国原産の落葉高木。紅葉が美しく樹勢が強いのでよく植栽される。樹皮は灰褐色で薄くはがれる。葉は対生し、長さは4～8cmで上部が浅く3裂する。表面は光沢があり、裏面は帯白色。若木の葉には鋸歯がある。雄性花と両性花があり、両性花は淡黄緑色。翼果はほぼ平行か鋭角に開く。

葉・翼果

和名の由来 唐から入ってきたカエデであるから。

分布：（植栽種）
花期：4～5月
付記：用途ー公園・街路樹、盆栽

ミツデカエデ　　ムクロジ科

三手楓

　洗心滝前や中道沿い、乙森駐車場にみられる。山地に生える落葉高木。雌雄異株。樹皮は灰褐色で褐色の皮目がある。葉は3枚の複葉からなり、対生する。小葉は先端が尾状にとがり、質はやわらかく、粗い鋸歯がある。葉柄は長く赤みを帯びる。雄性花は長い花序をたらし黄色い花を多数つける。花弁、がく片、おしべ4個。雌花にはめしべはない。翼果の翼はあまり開かない。

葉・翼果

分布：北海道（南部）、本州、四国、九州
花期：4～5月
付記：食草ーミスジチョウ

和名の由来 葉の形、花のつき方から。

シダ（羊歯）植物
隠花植物で種子ができず、胞子で増える植物

クラマゴケ　　イワヒバ科
鞍馬羊歯

　るり池の野生草本植物保護地にみられる。林下に生える常緑多年性シダ植物。群落をつくることが多い。
　主茎は地上を長くはい、側枝は斜上し、1～3回分枝する。葉は鱗片状で左右の側面と背面にそれぞれ2列につき、長さは側面葉3㎜、背面葉1㎜。胞子嚢穂は小枝の先につく。

和名の由来　最初に京都の鞍馬山でみつけられたことによる。

分布：日本全土だが北海道、青森、九州にはごく少ない

オオハナワラビ　　ハナヤスリ科
大花蕨

　中道草地などにみられる。山地や丘陵地の林下に生え、秋から春にかけてみられる多年生のシダ植物。根茎は短く直立し、地表付近で共通枝から2つに分かれ、1つは栄養葉、1つは胞子葉となる。栄養葉は3回羽状に深裂し3出羽状になり、ふちにとがった鋸歯がある。胞子葉は9月頃から熟し、胞子の表面には突起がある。

和名の由来　大形で、胞子葉が花のようにみえることによる。

分布：本州（東北中部以南）、四国、九州

イヌシダ　コバノイシカグマ科

犬羊歯

　るり池周辺や各所の土手などにみられる。低山や山麓の日当たりのよい土手や崖に生える夏緑性のシダ植物。根茎は短くはい、茎を集めて出す。葉柄に長い軟毛を密生する。胞子葉をつけた茎は直立し、栄養葉をつけた葉はたれる。葉身は2回羽状複葉または2回羽状深裂。裂片は楕円形で、ふちに鋸歯がある。胞子嚢群は葉縁につく。

和名の由来 毛が多いのを、犬に例えたもの。

分布：日本全土

クジャクシダ　ホウライシダ科

孔雀羊歯　別名：クジャクソウ

　るり池から丹羽神社への道沿いなどにみられる。山地林下に生える夏緑性シダ植物。根茎は短くはい、葉を複数つける。根茎、葉柄に褐色の鱗片がある。柄は細く、紫褐色〜赤褐色で、光沢がある。葉身は卵形からほぼ円形で、8〜13羽片をつける。葉質は薄く無毛。胞子嚢群は裂片の先のふちに沿ってつく。

和名の由来 羽片が扇状で、孔雀が羽を広げた姿にみえることから。

分布：本州、四国（一部）、九州（福岡）

ヤブソテツ　オシダ科

薮蘇鉄

松森館跡付近のスギ林内にみられる。山地の林内に生える常緑多年性シダ植物。根茎は短く斜上し、葉を多数つける。葉柄下部の鱗片は黒褐色〜淡黒色。光沢がある。葉の高さ50〜100cm、1回羽状複葉で羽片の幅は約2cm。側羽片の数は15〜25。緑色で光沢がある。胞子嚢群は羽片につく。

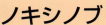

和名の由来　山野のやぶに生え、葉がソテツに似ていることから。

見分け方　ヤマヤブソテツー側羽片が10〜15対、ヤブソテツより幅広い。

分布：本州、四国、九州

ノキシノブ　ウラボシ科

軒忍　　別名：ヤツメラン

公園内のアカマツ、カエデなどの幹に着生している。樹皮、家の屋根などに着生する常緑多年性シダ植物。根茎は細く、横にはい、葉は根茎上に並び長さ10〜30cmで厚い革質。中央部が幅広く、先はとがる。下の方も細くなり葉柄との区別はむずかしい。鋸歯はない。胞子嚢群は数個で葉身の上部に並んでつく。

和名の由来　屋根の軒端に生えることから。別名は胞子嚢群が眼のようで、多数並ぶことから。

分布：日本全土

植物の用語図解

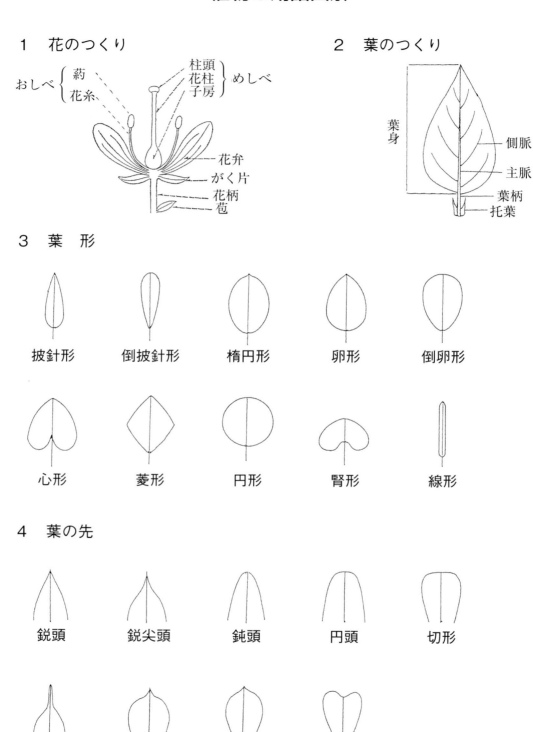

5　葉　縁

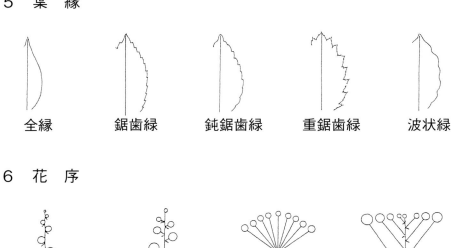

全縁　　　鋸歯縁　　　鈍鋸歯縁　　　重鋸歯縁　　　波状縁

6　花　序

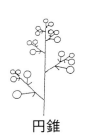

穂状　　　総状　　　散形　　　散房

  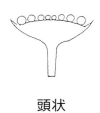

円錐　　　尾状　　　肉穂　　　頭状

7　複葉の形

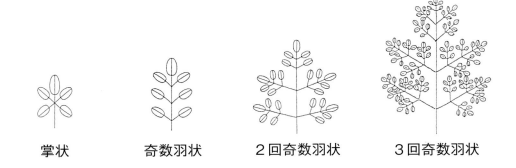

掌状　　　奇数羽状　　　2回奇数羽状　　　3回奇数羽状

植物の用語解説

ア 行

秋の七草（あきのななくさ）
秋に咲く代表的な花。ハギ、ススキ、クズ、ナデシコ、オミナエシ、フジバカマ、キキョウの七種。

1日花（いちにちばな）
朝開いて夕方しぼんでしまう花。

1年草（いちねんそう）
春芽生えて、花を咲き、実を結んで種子で冬を越す草の生活型。

羽状複葉（うじょうふくよう）
小葉が葉の中心の軸の両側に羽のように並び、1枚の葉を形成する葉。

液果（えきか）
果皮が肉厚で多量の水分を含む果実。トマト、ブドウなど。

越年草（えつねんそう）
生活期間は1年以内だが、秋に芽生え、冬を越して春に花が咲き、夏までに枯れて種子を残す草。

黄葉（おうよう）
葉が秋に黄色に色づくこと。

カ 行

塊茎（かいけい）
先端部が養分を貯蔵して、塊状に肥大した地下茎。

花冠（かかん）
花弁全体をさす。合弁花冠、離弁花冠、蝶形花冠、唇形花冠などがある。

萼（がく）
花冠を包むように外側にあるもの。1つ1つをがく片という。

核果（かくか）
外果皮が薄く、中果皮が厚くて水分を多量に含み、内果皮はかたい核となって種子を包む果実。ウメ、モモなど。

革質（かくしつ）
革のようにしなやかで、やや厚みのある葉をいう。

殻斗（かくと）
多数の苞葉が発達してできたもので、皿状や袋状になり、果実の下部または全体を覆っているもの。ブナ、クリなど。

花茎（かけい）
先に花だけをつけ、葉をつけない茎。タンポポ類。

果実（かじつ）
花の子房が熟して変わったもの。

花序（かじょ）
花のつき方や花の集まり方。

花穂（かすい）
小さい花が集まり、円錐状や円柱状になっている花序。

花被（かひ）
花弁とがく片が区別しにくい時、花冠とがくを総称していう。

果皮	果実の皮。子房壁が発達してできた部分で、外果皮、中果皮、内果皮があり中の種子を包む。
株立状	根ぎわから多数の茎を分けて成長する状態。
花柄	1つ1つの花をつけている柄。
管状花	筒状花ともいう。花冠が管状になった花。キク科植物の花序の中心部分。
冠毛	子房や果実の上に、たば状になって生えている長い毛。タンポポなど。
帰化植物	もとは日本になかった外国の植物が、日本に入り、野生している植物。
気根	根が全長にわたり空気中にさらされていて、植物に付着し、雨水の吸収、体の保護に役立っている根。キヅタなど。
距	がくや花弁の一部が細く突き出したところ。スミレなど。
鋸歯	葉のふちののこぎりの刃のようになっているぎざぎざ。鋭鋸歯、鈍鋸歯、重鋸歯（大小組み合ったもの）などがある。
茎葉	茎につく葉。
互生	1つの節から、葉や枝が互い違いに出る形態。
根茎	地中の根のような形をした地下茎。
根生葉	根にごく近いところから出ている葉。

サ行

蒴果	子房が2室以上あり、成熟して果実になったもの。熟すと果皮が乾いて縦に裂け、種子を飛ばす。ホウセンカ、アサガオなど。
歯牙	葉のふちの形の一つで、切り込みは丸く、突出部はほぼ同じ大きさでとがる。
集合果	1つの花で多数のめしべを持ち、それぞれが果実になって、一つにまとまったもの。コブシなど。
珠芽	葉の付け根にできる栄養を蓄える多肉の組織。むかごなど。
掌状	葉の形で、手の平を広げたような形。
小葉	複葉についている1枚1枚の葉。

心皮（しんぴ）　花は葉の変形であり、その中でおしべをつくる葉を心皮という。

節果（せつか）　さやが横にくびれて、１個の種子を包み、数節に分かれている果実。

舌状花（ぜつじょうか）　キク科の植物の花で、外側を取り巻く舌のような形をした１個１個の花。

全縁（ぜんえん）　葉のふちにきょ歯がない葉をいう。

腺毛（せんもう）　粘液を出すために先端にふくらみを持った毛。

そう果（そうか）　種子と果皮がくっついていて、１個の種子のように見える果実。キンポウゲなど。

走出枝（そうしゅつし）　直立せず、地表面上に横たわって伸びる茎。イチゴなど。

装飾花（そうしょくか）　めしべ、おしべが発達せず、種子をつけないで、花弁またはがく片が大きく、美しい花。セイヨウアジサイなど。

叢生（そうせい）　多数の茎が根ぎわからまとまって生えること。

総苞（そうほう）　花序の下にあり、花序を包んでいる苞葉の集まり。

タ行

袋果（たいか）　１個の心皮からなる子房が熟してできた果実。心皮の合わせ目から裂け、種子を出す。オダマキ、トリカブトなど。

対生（たいせい）　１つの節から２つの葉、花または枝が、それぞれ相対して出ている形態。

多年草（たねんそう）　毎年、茎や葉を出し花を咲かせ、秋には枯れるが、根や地下茎により毎年芽を出す草。

地下茎（ちかけい）　地下にある茎。

蝶形花（ちょうけいか）　チョウのような形をした花。マメ科植物の花。

頭花（とうか）　頭状花序ともいう。キク科の花のように、花茎の先端が著しく短く、そこに多数の花が集まってあたかも１つの花のようにみえる花。個々の花には、舌状花と管状花（筒状花）がある。

ナ 行

2年草 生活の期間が満1年以上にわたる草。種子から発芽した年には花が咲かず、2年目から後に咲いて実を結び、その冬までに根も枯れて、種子だけが残る。

ハ 行

春の七草 春早く摘み草にされる草。セリ、ナズナ、ハハコグサ、ハコベ、コオニタビラコ、カブ、ダイコン。

皮目 樹木の表面に見られる横または縦の、紡すい形または点状の隆起した組織。呼吸の働きをする。

複合果 多数の小さい花からなる花序のそれぞれが果実になってまとまり、全体が1個のようにみえる果実。イチゴ、アケビなど。

複葉 1枚の葉がいくつにも深く切り込んで、多数の葉に分かれたようにみえる葉。

仏炎苞 肉穂花序を包む大形の苞葉。筒型やラッパ形をしている。ミズバショウ、マムシグサなど。

苞葉 葉の変形したもので、芽やつぼみを包み、花の近くにある葉。

匍匐茎 地面をはうように伸びる細い茎。節から根を出して新しい株となって増えていく。ランナーともいう。

マ 行

巻きひげ 葉や枝の一部分が細長いつるに変形したもの。これでほかのものに巻きついて伸びていく。エンドウの小葉、ブドウの枝など。

ヤ 行

油点 細胞間壁に油滴などの分泌物が蓄えられてできる、葉や花皮に見られる透明または黒い点。明点、黒点などもある。

葉腋　葉のつけ根のところ。

洋紙質　葉の質感で、紙のような感じがする薄手の葉をいう。

葉鞘　托葉や葉の部分が変化して、茎を包むもの。イネ科、タデ科にみられる。

葉柄　葉についている柄。

葉脈　葉の中にある、養分、水分の通路。単子葉類は平行脈、双子葉類は網状脈が多い。

翼　茎や葉柄などのふちに張り出している平たい部分。

翼果　堅果の一種で、平たい羽のような部分（翼）を持った果実。カエデ類、トネリコ類など。

ラ行

両性花　一つの花におしべとめしべの両方とも備えた花。

鱗茎　極端に短縮した茎に、養分を蓄えた鱗片状の地下茎。

輪生　茎の葉が、節ごとに、3枚または数枚が放射状につく形態。

ロゼット葉　越冬する根生葉が、地面に張りついた放射状の葉。

霞ヶ城公園の花ごよみ

（草本植物）

植物名 ＼ 月	3	4	5	6	7	8	9	10	11
フクジュソウ	━								
ショウジョウバカマ		━	━						
アマナ		━							
カタクリ	━	━	━						
キバナノアマナ	━	━							
シロバナタンポポ	━	━	━						
エゾタンポポ	━	━	━						
キクザキイチゲ	━	━	━						
オオイヌノフグリ	━	━	━						
タチイヌノフグリ	━	━	━						
スズメノエンドウ	━	━	━						
ヤハズエンドウ	━	━	━	━					
センボンヤリ		━						━	
シャガ		━	━						
キランソウ		━	━						
カテンソウ		━	━						
ヤマネコノメソウ		━	━						
タチツボスミレ		━	━						
ツボスミレ		━	━						
ヒメオドリコソウ		━	━	━					
カキドオシ		━	━	━					
ツルカノコソウ		━	━						
ムラサキケマン		━	━						
ハルジオン		━	━	━	━				
ゲンゲ		━	━	━	━				
ハハコグサ		━	━	━	━				
オオジシバリ		━	━						
ムラサキサギゴケ		━	━						
キツネノボタン		━	━	━	━				
ノアザミ			━	━					
タツナミソウ			━	━					

植物名	3	4	5	6	7	8	9	10	11
コウゾリナ			━	━	━	━			
トキワハゼ		━	━	━	━	━			
ノハナショウブ			━	━					
ヨツバムグラ			━	━					
セキショウ			━	━					
サイハイラン			━	━					
ギンラン			━	━					
カラスビシャク			━	━					
ニワゼキショウ			━	━					
ヤマハタザオ			━	━	━				
ハナニガナ		━	━	━					
ニガナ			━	━	━				
ユキノシタ			━	━	━				
カモジグサ			━	━	━				
クサノオウ			━	━	━				
ブタナ			━	━	━	━			
ノゲシ		━	━	━	━	━			
スイバ		━	━	━					
コメツブツメクサ			━	━	━				
オニタビラコ			━	━	━	━			
チチコグサ			━	━	━	━			
ムラサキツメクサ			━	━	━	━			
ヤブタビラコ			━	━	━	━			
ホタルブクロ				━	━				
コモチマンネングサ				━	━				
コバギボウシ				━	━	━			
エゾノギシギシ				━	━	━			
セイヨウスイレン				━	━	━			
コヒルガオ				━	━				
カタバミ				━	━	━			
チドメグサ				━	━	━			
ミゾカクシ				━	━	━			
ジャノヒゲ					━	━			
オオウバユリ					━	━			
ヤマユリ					━	━			

植物名 \ 月	3	4	5	6	7	8	9	10	11
サワオトギリ					━━	━━			
カモガヤ					━━	━━			
ヤブラン					━━	━━	━━		
ヌスビトハギ					━━	━━	━━		
ツユクサ					━━	━━	━━		
オトギリソウ					━━	━━			
サジガンクビソウ					━━	━━	━━	━━	
ヤブレガサ					━━	━━	━━		
ユウガギク					━━	━━	━━		
ヒメジョオン					━━	━━	━━		
イヌタデ					━━	━━			
メヒシバ						━━	━━		
キンミズヒキ						━━	━━		
アキノタムラソウ				━━	━━	━━			
ハエドクソウ						━━	━━		
イノコズチ						━━	━━		
ヒナタイノコズチ						━━	━━		
ミゾソバ					━━	━━	━━		
エノコログサ				━━	━━	━━			
キンエノコロ					━━	━━	━━		
チヂミザサ						━━	━━	━━	
ハナタデ						━━	━━		
シシウド						━━	━━		
カヤツリグサ						━━	━━		
ミズヒキ						━━	━━	━━	
ヤマジノホトトギス						━━	━━		
オトコエシ						━━	━━	━━	
ヒヨドリバナ						━━	━━	━━	
ミヤギノハギ					━━	━━			
ノハラアザミ						━━	━━		
アキノキリンソウ						━━	━━		
キッコウハグマ							━━	━━	
ヤクシソウ						━━	━━	━━	
ヒガンバナ							━━	━━	
アキノエノコログサ							━━	━━	

（木本植物） 赤線は結実期

植物名＼月	3	4	5	6	7	8	9	10	11
ウメ	開			結					
シキザクラ	開	結					めったに結実しない		
ソメイヨシノ		開	結	結			まれにしか完熟しない		
エドヒガン		開	結	結					
オオヤマザクラ		開			結				
カスミザクラ		開		結					
カンヒザクラ	開	開	結	結					
カンザン		開					果実ない		
キャラボク		開					結	結	
アオキ		開					翌年4月		
アセビ		開					結	結	
ヤマブキ		開	開				結		
ユキヤナギ		開	結	結					
ヤブツバキ		開			結				
ハクモクレン		開					結	結	
コブシ		開	開				結	結	
ニワトコ		開	開	結	結				
ナツグミ		開	開	結					
サツキ			開	開					
ヤマツツジ		開	開	開					
トウゴクミツバツツジ		開	開						
レンゲツツジ			開	開					
ドウダンツツジ		開	開						
ニシキギ			開	開			結	結	
フジ			開	開				結	結
ガマズミ			開	開				結	結
エゴノキ			開	開		結	結		
スイカズラ			開	開			結	結	結
ミズキ			開	開	開			結	
ナツツバキ				開	開		結	結	
ムラサキシキブ				開	開		結	結	結

植物名 \ 月	3	4	5	6	7	8	9	10	11
クサギ					●	●		○	○
アジサイ				●	●				
アワブキ				●	●		○	○	
マユミ		●	●					○	○
ヤブコウジ					●	●		○	○
ネズミモチ					●	●	●	○	○
サルスベリ					●	●	●		
イロハモミジ		●	●			○	○		
オオモミジ		●	●		○	○	○		
エンコウカエデ		●					○	○	
トウカエデ		●					○		
ミツデカエデ		●			○	○	○		
オニグルミ			●				○	○	
イチョウ		●	●				○	○	
クヌギ		●	●					翌年秋	
クリ				●	●			○	
ケヤキ		●						○	
コナラ		●	●				○	○	
スギ	●	●						○	
シラカシ		●	●					翌年10月	
アカマツ		●	●					翌年10月	
クロマツ		●	●					翌年10月	
ゴヨウマツ			●					翌年10月	
モミ			●					翌年10月	

引用文献・参考文献

福島県植物誌　福島県植物誌編さん委員会　笹氣出版印刷㈱　1987

いわき植物誌　湯澤陽一　歴史春秋社　2014

ふるさと安達太良山の植物　佐藤光雄　歴史春秋社　2005

中央新報169号　中央新報社　1978

二本松製絲會社　山田芳茂　渡辺謄写堂　2002

奥州二本松　根本豊徳他　歴史春秋社　2016

二本松城主の変遷（二本松市史１）誉田宏　二本松市　1999

二本松城と周辺城館（二本松市史１）　根本豊徳　二本松市　1999

二本松城趾の地質（二本松市史９）　鈴木敬治　二本松市　1989

二本松の植生（二本松市史９）　樫村利通　二本松市　1989

霞ヶ城公園の植物（二本松市史９）　須賀紀一　二本松市　1989

二本松城址の植物（二本松城址１）　須賀紀一　二本松市教育委員会　1992

植生の現状（城址保存管理計画報告書）須賀紀一　二本松市教育委員会　1998

日本の野生植物Ⅰ・Ⅱ・Ⅲ　佐竹義輔他　平凡社　1999

日本の野生植物木本Ⅰ・Ⅱ　佐竹義輔他　平凡社　1997

日本の野生植物シダ　岩槻邦男　平凡社　1992

日本の帰化植物　清水建美　平凡社　2003

原色牧野植物大図鑑　牧野富太郎　北隆館　1982

日本の野草　林弥栄　山と渓谷社　1983

日本の樹木　林弥栄　山と渓谷社　1985

花色でひける野草・雑草観察図鑑　高橋良孝　成美堂出版　2005

日本原色雑草図鑑　沼田真他　全国農村教育協会　1978

樹に咲く花３～５　川畑博高他　山と渓谷社　2003、2019

サクラハンドブック　大原隆明　文一総合出版　2009

カエデ識別ハンドブック　猪狩貴史　文一総合出版　2010

検索入門野草図鑑３～６　長田武正他　保育社　1984

検索入門樹木１・２　尼川大録他　保育社　1988

植物名の由来　中村浩　東京書籍　1980

木の名の由来　深津正他　東京書籍　2004

新説歳時記　水原秋櫻子　大泉書店　1951

花言葉【花図鑑】　夏梅陸夫　大泉書店　2000

最新植物用語辞典　廣川源治　廣川書店　1965

あとがき

　今回「霞ヶ城公園の植物と景観」の題で執筆したが、いくつかの課題に気づいた。

　一つは、今回掲載したおよそ200種の植物のほかに、残念ながら入れたかったが、かつてみられて現在みられなくなったり、極端に減少している植物があることだ。草本植物では、エンレイソウ、チゴユリ、シュンラン、イチヤクソウ、ウメバチソウ、オミナエシ、キキョウ、ヤマホタルブクロなど。木本植物では、アスナロ、アカガシ、アズキナシ、シウリザクラ、ウリカエデ、ヤマモミジ、リョウブ、アオダモなどである。

　二つは、景観について説明表示標識を活用して、もっと具体的な説明があってもよかったのではないかと思うことである。

　三つは、写真についてである。掲載が目的ではなく、これまで公園内を散策しながら撮ったスナップ写真なので、意図的な操作は一切せず、自然そのままのものや、余計なものが入ったり、手ぶれしたりしてみづらい写真が多い。ただ、植物をよく観察するために花や葉、果実などはマクロ撮影をしたので、参考になればと多く入れるようにした。

　四つは、私自身はこれまで森林生態を主として仕事をしてきたので、草本植物の詳細な分類は得手でなく、今後力を入れていきたい事項である。なお、本書をみて、お気づきのことがありましたら、ぜひご連絡、ご指導いただきたい。

　そのほか課題も多く、さらに加えたい植物もあり、今後計画的に取り組み、できれば続編の執筆も考えてみたいとも思っている。

　二本松城跡は私をはじめ二本松市民の心のふるさとであり、いつまでも自然の良さ、景観のすばらしさを残し、ほかにはみられない"自然を生かし、自然豊かな城跡"にしていきたい、これが私の願いである。

　最後に、多くの方々のお力添えにより本書を出版できますことに心より感謝し、ご協力いただいた方々に重ねて御礼申し上げます。

index

さくいん

【ア】

アオキ……………………… 59
アカマツ…………………… 106
アキノエノコログサ……… 70
アキノキリンソウ………… 113
アキノタムラソウ………… 83
アキノノゲシ……………… 114
アジサイ…………………… 94
アズマイチゲ……………… 30
アズマザサ………………… 105
アズマネザサ……………… 104
アセビ……………………… 60
アマナ……………………… 24
アワブキ…………………… 100
イチョウ…………………… 117
イヌシダ…………………… 124
イヌタデ…………………… 77
イノコズチ………………… 75
イロハモミジ……………… 120
イワガラミ………………… 95
ウマノアシガタ…………… 31
ウメ………………………… 56
エゴノキ…………………… 101
エゾノギシギシ…………… 78
エゾタンポポ……………… 46
エドヒガン………………… 51
エノコログサ……………… 70
エンコウカエデ…………… 121
オオイヌノフグリ………… 42

オオウバユリ……………… 66
オオジシバリ……………… 49
オオバジャノヒゲ………… 64
オオハナワラビ…………… 123
オオモミジ………………… 121
オオヤマザクラ…………… 52
オカメザサ………………… 104
オトギリソウ……………… 76
オトコエシ………………… 112
オニグルミ………………… 117
オニタビラコ……………… 91
オニノゲシ………………… 114
オヒシバ…………………… 69

【カ】

カキドオシ………………… 40
ガクアジサイ……………… 94
カザグルマ………………… 32
カスミザクラ……………… 52
カタクリ…………………… 23
カタバミ…………………… 84
カテンソウ………………… 34
ガマズミ…………………… 95
カモガヤ…………………… 68
カモジグサ………………… 69
カヤツリグサ……………… 71
カラスビシャク…………… 27
カンザン…………………… 54
カンヒザクラ……………… 53

index

キクザキイチゲ	30
キッコウハグマ	116
キツネアザミ	88
キツネノボタン	31
キバナノアマナ	24
キャラボク	109
キュウリグサ	41
キランソウ	40
キンエノコロ	70
キンミズヒキ	80
ギンラン	28
クサギ	102
クサノオウ	72
クジャクシダ	124
クヌギ	118
クマザサ	103
クラマゴケ	123
クリ	119
クロマツ	106
ケヤキ	118
ゲンゲ	37
コウゾリナ	91
コゴメウツギ	55
コナラ	119
コバギボウシ	65
コヒルガオ	87
コブシ	58
コメツブツメクサ	82
コモチマンネングサ	84
ゴヨウマツ	107

【サ】

サイハイラン	28
サジガンクビソウ	113
サツキ	60
サルスベリ	98
サワオトギリ	76
シキザクラ	53
シシウド	73
ジシバリ	49
シャガ	25
ジャノヒゲ	64
ショウジョウバカマ	25
シラカシ	101
シロバナタンポポ	46
スイカズラ	96
スイバ	79
スギ	108
スズメノエンドウ	36
スズメノヒエ	111
スズメノヤリ	29
スミレ	37
セイヨウアジサイ	94
セイヨウスイレン	81
セイヨウタンポポ	47
セキショウ	27
センボンヤリ	48
ソメイヨシノ	51

【タ】

タギョウショウ	107

index

タケニグサ ……………………… 72
タチイヌノフグリ ……………… 42
タチツボスミレ ………………… 38
タツナミソウ …………………… 39
タネツケバナ …………………… 35
チチコグサ ……………………… 92
チヂミザサ ……………………… 67
チドメグサ ……………………… 73
ツボスミレ ……………………… 38
ツユクサ ………………………… 67
ツリフネソウ …………………… 74
ツルカノコソウ ………………… 45
トウカエデ ……………………… 122
トウゴクミツバツツジ ………… 61
ドウダンツツジ ………………… 62
トキワハゼ ……………………… 85
トチバニンジン ………………… 74

【ナ】

ナツグミ ………………………… 59
ナツツバキ ……………………… 97
ニガナ …………………………… 89
ニシキギ ………………………… 100
ニワゼキショウ ………………… 26
ニワトコ ………………………… 57
ヌスビトハギ …………………… 83
ネジバナ ………………………… 71
ネズミモチ ……………………… 99
ノアザミ ………………………… 45
ノイバラ ………………………… 55
ノキシノブ ……………………… 125

ノゲシ …………………………… 90
ノハナショウブ ………………… 26
ノハラアザミ …………………… 115
ノブキ …………………………… 93
ノミノフスマ …………………… 34

【ハ】

ハエドクソウ …………………… 85
ハクモクレン …………………… 58
ハナゾノツクバネウツギ ……… 96
ハナタデ ………………………… 77
ハナニガナ ……………………… 89
ハハコグサ ……………………… 48
ハルガヤ ………………………… 68
ハルジオン ……………………… 47
ハルノノゲシ …………………… 90
ヒガンバナ ……………………… 110
ヒナタイノコズチ ……………… 75
ヒノキ …………………………… 109
ヒメオドリコソウ ……………… 39
ヒメジョオン …………………… 90
ヒヨドリバナ …………………… 112
フクジュソウ …………………… 29
フジ ……………………………… 98
ブタナ …………………………… 88
ホタルブクロ …………………… 86

【マ】

マユミ …………………………… 97
ミズキ …………………………… 103

142

index

ミズヒキ‥‥‥‥‥‥‥‥‥ 79
ミゾカクシ‥‥‥‥‥‥‥‥ 86
ミゾソバ‥‥‥‥‥‥‥‥‥ 78
ミツデカエデ‥‥‥‥‥‥‥ 122
ミヤギノハギ‥‥‥‥‥‥‥ 116
ムラサキケマン‥‥‥‥‥‥ 32
ムラサキサギゴケ‥‥‥‥‥ 41
ムラサキシキブ‥‥‥‥‥‥ 102
ムラサキツメクサ‥‥‥‥‥ 82
メヒシバ‥‥‥‥‥‥‥‥‥ 70
モミ‥‥‥‥‥‥‥‥‥‥‥ 108

【ヤ】

ヤエムグラ‥‥‥‥‥‥‥‥ 43
ヤクシソウ‥‥‥‥‥‥‥‥ 87
ヤダケ‥‥‥‥‥‥‥‥‥‥ 105
ヤハズノエンドウ‥‥‥‥‥ 36
ヤブカンゾウ‥‥‥‥‥‥‥ 65
ヤブコウジ‥‥‥‥‥‥‥‥ 99
ヤブジラミ‥‥‥‥‥‥‥‥ 44
ヤブソテツ‥‥‥‥‥‥‥‥ 125
ヤブタビラコ‥‥‥‥‥‥‥ 92
ヤブツバキ‥‥‥‥‥‥‥‥ 57
ヤブニンジン‥‥‥‥‥‥‥ 44
ヤブラン‥‥‥‥‥‥‥‥‥ 63
ヤブレガサ‥‥‥‥‥‥‥‥ 93
ヤマエンゴサク‥‥‥‥‥‥ 33
ヤマジノホトトギス‥‥‥‥ 111
ヤマツツジ‥‥‥‥‥‥‥‥ 61
ヤマネコノメソウ‥‥‥‥‥ 35
ヤマハタザオ‥‥‥‥‥‥‥ 80

ヤマブキ‥‥‥‥‥‥‥‥‥ 54
ヤマユリ‥‥‥‥‥‥‥‥‥ 66
ユウガギク‥‥‥‥‥‥‥‥ 115
ユキノシタ‥‥‥‥‥‥‥‥ 81
ユキヤナギ‥‥‥‥‥‥‥‥ 56
ヨツバムグラ‥‥‥‥‥‥‥ 43

【ラ】

ルイヨウボタン‥‥‥‥‥‥ 33
レンゲツツジ‥‥‥‥‥‥‥ 62

著者紹介

須賀　紀一
<ruby>須<rt>す</rt>賀<rt>か</rt></ruby>　<ruby>紀<rt>のりかず</rt>一</ruby>

1938年　福島県二本松市に生まれる

　　　　福島大学学芸学部卒業後、福島県公立小・中学校に勤務し、二本松市立

　　　　二本松第一中学校長で退職

1998年　樹医資格取得

1999年　グリーンセイバー認定

元　　　二本松市教育委員会委員。二本松市史編纂専門委員

現　　　二本松市文化財保護審議会委員

　　　　二本松城趾整備検討委員会委員

著　書　歴春ふくしま文庫③『ふくしま自然散歩』（共著）歴史春秋社　2004

　　　　『安達太良山の植物　1～6』（共著）安達太良山植物調査会　1998~2004

　　　　『霊山の植物　1～3』（共著）霊山の植物調査会　2005~2007

ふるさと二本松城跡
霞ヶ城公園の植物と景観

2019年12月21日　第1刷発行

著　者　須賀　紀一
発行者　阿部　隆一
発行所　歴史春秋出版株式会社
　　　　　〒965-0842
　　　　　福島県会津若松市門田町中野大道東8-1
　　　　　電　話（0242）26-6567
　　　　　ＦＡＸ（0242）27-8110
　　　　　http://www.rekishun.jp
　　　　　e-mail　rekishun@knpgateway.co.jp
印刷所　北日本印刷株式会社

植物観察路 春季

※「霞ヶ城公園略図」参照
※数字は本文ページを示す

A （早春野草、サクラ、フジ、ツツジ）コース　所要時間30〜45分（観察などの時間を含む）

各駐車場 → 箕輪門 → 三ノ丸広場下・上 → 霞ヶ池 → 洗心亭 → るり池 → 傘松・南東屋 →
　　　　（アカマツ並木）（サクラ園、ツツジ）　（フジ）　　（展望）　（早春の野草）（ツツジ路、サクラ）
　　　　　　（3）　　　（4,17,50）（17,61,62）　（5）　　　（6）　　（23〜25）　　（7）　（50〜54）

ため池→ＷＣ→三ノ丸上・下→各駐車場
（カエデ）
（120〜122）

B （サクラ、フジ、ツツジ、本丸跡）コース　所要時間60〜75分（観察などの時間を含む）

第一・二駐車場→箕輪門 ╲
第三・四駐車場→→ＷＣ→三ノ丸広場下・上→ 霞ヶ池 → 洗心亭 →るり池→ 傘松・南東屋 →
　　　　　　（サクラ路）　　（サクラ園、ツツジ）　（フジ）　（早春の野草）　（ツツジ路、サクラ）
　　　　　　　　　　　　　　　　（4,17）　　（7）　　（5）　　（23〜25）　　　（7）　　　（50）

見晴台 → 搦手門跡 → 本丸裏広場 →本丸跡→日陰の井戸→（中道）→観光会館→児童遊園地→
（展望）　（サクラ路）　（サクラ園）　（展望）　　　　　　（サクラ路）
（8）　　　（54）　　　（50〜54）　　（9）　　　　　　　　（17）

→駐車場

C （乗用車利用または徒歩。市道城山線桜路、本丸、見晴台）コース

　　　走行距離約４km。所要時間－乗用車40分、徒歩100〜120分（観察などの時間を含む）

戒石銘碑（市道城山線）→ 児童遊園地 →→→→→→→→ 自然休養村管理センター→
　　（3）　　　　　　　　　（市道サクラ路）（グラウンド東サクラ園）　　（サクラ）
　　　　　　　　　　　　　　　　（17）　　　（17）　　（54）　　　　　　（50）

乙森駐車場→本丸跡→管理センター→（市道二伊滝－表線）→→見晴台
　　　　　　（展望）　　　　　　　　（本丸裏広場サクラ園）　　（展望）
　　　　　　（9）　　　　　　　　　　　（50）　　　　　　　　（8）

※乗用車は見晴台から同じ道を戻る。または龍泉寺経由で市街地へ。

※徒歩者は本丸跡から次のコースを進む。

（徒歩者）本丸跡→（本丸東側本丸北道）→ 本丸裏広場 → 見晴台 → 傘松・南東屋→
　　　　　（9）　　　　　　　　　　　　（本丸裏広場サクラ園）（展望）　（サクラ、ツツジ）
　　　　　　　　　　　　　　　　　　　　　（50〜54）　　　　（8）

→るり池周辺→洗心亭→霞ヶ池→ 三ノ丸広場上・下 → 箕輪門 →各駐車場
（春の野草）　（展望）　（フジ）　（サクラ園、ツツジ）（アカマツ並木）
（23〜25）　　（6）　　（5）　　　（4,17）　　（7）　　（3）

　　※ サクラは、種により開花期が異なる。

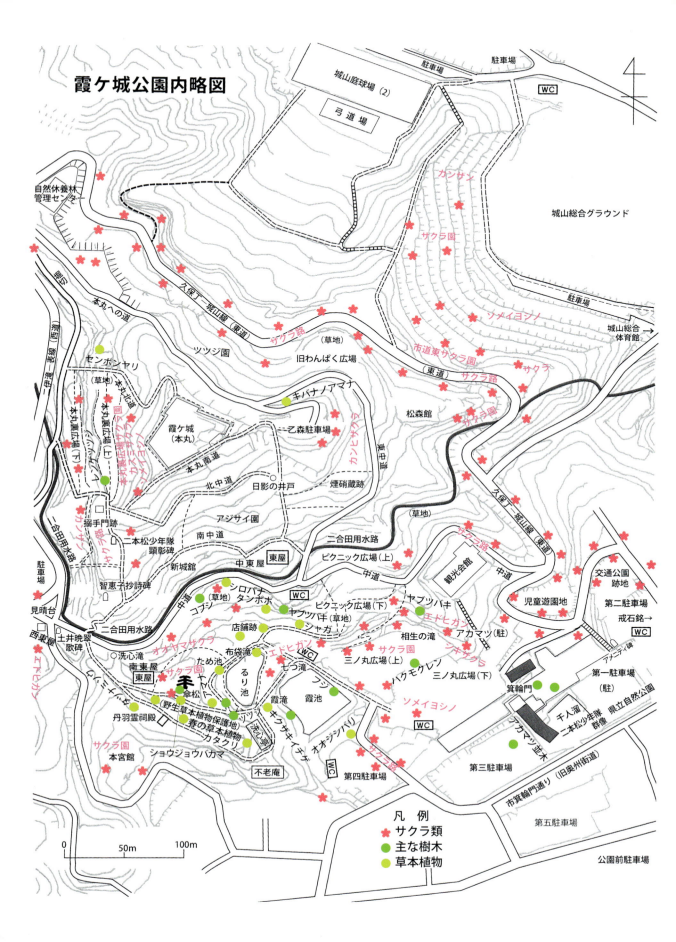

植 物 観 察 路 夏 季

※「霞ヶ城公園略図」参照
※数字は本文ページを示す

A （樹木巡り）コース　所要時間45~60分（観察などの時間を含む）

各駐車場→ 千人溜広場 →箕輪門広場 →→→ 三ノ丸広場下・上 →→→→→ 霞ヶ池 →→
　　　　　（アカマツ並木）　（多行松）　（各種サクラ樹、アカマツ林、カエデ林）（スイレン、フジ）
　　　　　　　（3）　　　　（3,107）　　（4, 50）　　　　　（4）　　　　（6）　（5,18,81）（98）

→→洗心亭→→→るり池周辺→傘松・南東屋→見晴台→ 堀切 →→→本丸裏広場→→→→
　（アカマツ大木）　（各種カエデ、サルスベリ、ササ）（展望）（モミ林）（各種サクラ・カエデ、ミズキ）
　（19,106）　　　　（120）　　　　　　　（98）　　（103）　（8）（8,19,108）（50）（120~122）（103）
　　　　　　　　　　　　　　　　　　　　　　　　　　　　　　　　　　　（マユミ、アオキ、オニグルミ）
　　　　　　　　　　　　　　　　　　　　　　　　　　　　　　　　　　（97）　（59）　　（117）

搦手門周辺→見晴台→→→→ （中道） →→→→→→→ピクニック広場上→→ピクニック広場下→
（カエデ樹）　（展望）（サクラ樹、コブシ、ヤブツバキ）（イチョウ、クヌギ林、キャラボク）（ハクモクレン）
（120）　　　（8）　　（51）　　（58）　　　（57）　　　（117）　　（118）　　（19,109）　　（58）
　　　　　　　　　（ヤダケ、イチョウ）
　　　　　　　　　（105）　　（117）

→三ノ丸広場→各駐車場

B （夏の草本植物、アジサイ園、本丸）コース　所要時間45~60分

（観察などの時間を含む）

各駐車場→千人溜広場→箕輪門→三ノ丸広場下・上→→霞ヶ池→→洗心亭→→→→るり池周辺→
　　　　　（アカマツ並木）　　　（サクラ・ツツジ樹）　（スイレン）（アカマツ、展望）（夏の各種草本植物）
　　　　　　　（3）　　　　　　　　　　　　　　　（15, 18, 81）　（6）　　　（64,65,75,76,83）

→傘松・南東屋→→見晴台→智恵子抄詩碑 →少年隊顕彰碑→ （北中道） →アジサイ園→→→→
　（カエデ樹、ササ）　（展望）　（ヒノキ林）　（ケヤキ大木、サクラ樹）　　（各種アジサイ）
　（120~122）　　　（8）　　（109）　　　　（118）　　　　　　　　（19, 94）

→日陰の井戸→本丸跡→日陰の井戸→中東屋→→ＷＣ→ピクニック広場下→→→三ノ丸広場→
　（スギ林）　（展望）　（ケヤキ林、スギ林）　　（ハクモクレン樹、キャラボク樹）
　（108）　　（9）　　（118）　　（108）　　　　　（58）　　　　（19,109）

→→各駐車場

C （景観・展望所巡り）コース　所要時間60分（観察・展望などの時間を含む）

各駐車場→→箕輪門付近→→三ノ丸周辺→→霞ヶ池周辺→→洗心亭周辺→→るり池周辺→
　　　　　　　（3）　　　　　　（4）　　　　　（5）　　　　　（6）　　　　　（7）

→見晴台周辺→→搦手門跡→→本丸跡周辺→→日陰の井戸→→三ノ丸広場→→各駐車場
　　（8）　　　　（9）　　　　（9）

※　Ｂコースとほぼ同じだが、景観・展望を主に巡る。

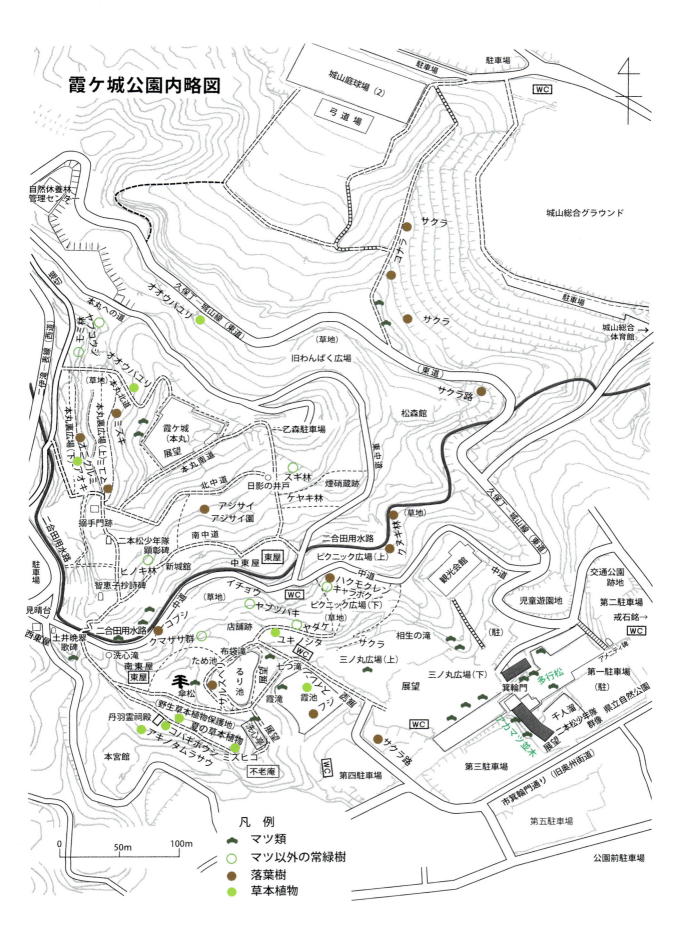

植物観察路 秋季

※「霞ヶ城公園略図」参照
※数字は本文ページを示す

A（カエデ探勝－本宮館・るり池周辺）コース　所要時間30~40分（観察などの時間を含む）

各駐車場→箕輪門→三ノ丸上→霞ヶ池→洗心亭→不老庵→本宮館跡→丹羽霊嗣殿→見晴台→
　　　　　（アカマツ並木）（カエデ）　（カエデ）（展望・アカマツ）　（カエデ各種林）　　　　　　（展望）
　　　　　　　　（3）　　　（4）　　　（5）　　　（6）　　　　　（20, 120~122）　　　　　　（8）

→南東屋・傘松→→るり池周辺→→各駐車場
　（各種カエデ）　　（カエデ林）
　　（7, 120）　　　　（120）

B（南中道カエデ路、中道カエデ路）コース　所要時間50~60分（観察などの時間を含む）

各駐車場→箕輪門→三ノ丸下→霞ヶ池→WC→るり池東→ピクニック広場下→→WC→
　　　　（アカマツ並木）（カエデ大木）　　　　　（キャラボク）
　　　　　　（3）　　　（5, 21）　　　　　　　（19, 109）

→（東中道）→中東屋→（南中道）→→智恵子抄詩碑広場→→見晴台→（中道）→
　　　　　　　　　　（カエデ路）　　　　（9）　　　　　　（展望）
　　　　　　　　　　　（21）　　　　　　　　　　　　　　　（8）

→→ピクニック広場上→（中道）→観光会館→児童遊園地→各駐車場
　（イチョウ、クヌギ林）（ヒガンバナ）（カエデ林）（カエデ路）
　　　（117）　　（118）　（110）　　（120）　　　（20）

C（アミニティ碑－松森館跡－本丸跡カエデ路）コース　所要時間50~60分（観察などの時間を含む）

第一・二駐車場→ふるさとアミニティ霞ヶ城公園碑→児童遊園地→（中道）→観光会館→（中道）→
　　　　　　　　（公園図）　　（カエデ路）　　　　　　　（カエデ路）
　　　　　　　　　　　　　　　　（20）　　　　　　　　　　（20）

→WC→（東中道）→→松森館跡周辺→（本丸への道）→乙森駐車場→本丸跡→（本丸南道）→
　（カエデ路）　（カエデ路）　　　（カエデ路）　　　　　　　　　（展望）
　　（21）　　　（21）　　　　　（21）　　　　　　　　　　　　（9）

→搦手門周辺→　→　→　→　→　→見晴台→南東屋・傘松→るり池→洗心亭→
　　　　　　↘少年隊記念碑→智恵子抄詩碑↗（展望）（各種カエデ）（秋の草本植物）（カエデ林）
（カエデ路）　（ケヤキ大木）　（ヒノキ林）　（8）　（20）　　（110~116）　（6）
　（21）　　　（118）　　　　（109）

→霞ヶ池→→各駐車場

※　三ノ丸広場は10月~11月に菊人形展会場になる。